贝尔探险智慧书

QU PANDENG

[英] 贝尔·格里尔斯　著　高天航　译

自序

1996年5月26日，早上7点多，我站在了这个罕有人踏足的地方——珠穆朗玛峰峰顶。几个月的残酷训练和艰苦工作在这一刻得到回报，仅仅在珠峰上耗费的时间就长达三个月。在那一刻，我被一种无与伦比的喜悦淹没了。登上一座山的顶峰会带给人巨大而神奇的惊喜，在这样的时刻，你会想到，数以百计的探险家在你之前也曾来到这里，挑战难以企及的海拔，冒着生命危险征服壮美却严酷的峰顶，终于立足于世界之巅。在这本书中，我将探索一些历史上最了不起的攀登者的惊人壮举，这些故事激励着我朝着目标继续前进……

当你历经数个小时、数天乃至数月的艰辛之后，终于登上一座山的顶峰，俯瞰脚下的风景时，这种奔涌而至的快意是前所未有的，你好像站在了世界之巅！

对于任何一次登山活动来说，正确的装备都至关重要。服装、登山鞋、登山靴、绳索以及其他工具合适与否至关重要，甚至意味着生与死的区别。

登山是一种神奇的体验，但也极其危险。即使是经验最丰富的登山家，也可能面临雪崩、岩崩或是冰川裂隙等危险，也可能受伤或者死亡，更何况还可能要应对极端的低温以及高海拔带给人的影响。因此，登山前的培训和准备工作至关重要，同时要确保你有合适的装备。如果你对某个登山活动没有信心，那么推迟攀登是最保险的，直到你和你的伙伴们都做好了充分的准备。

世界山脉

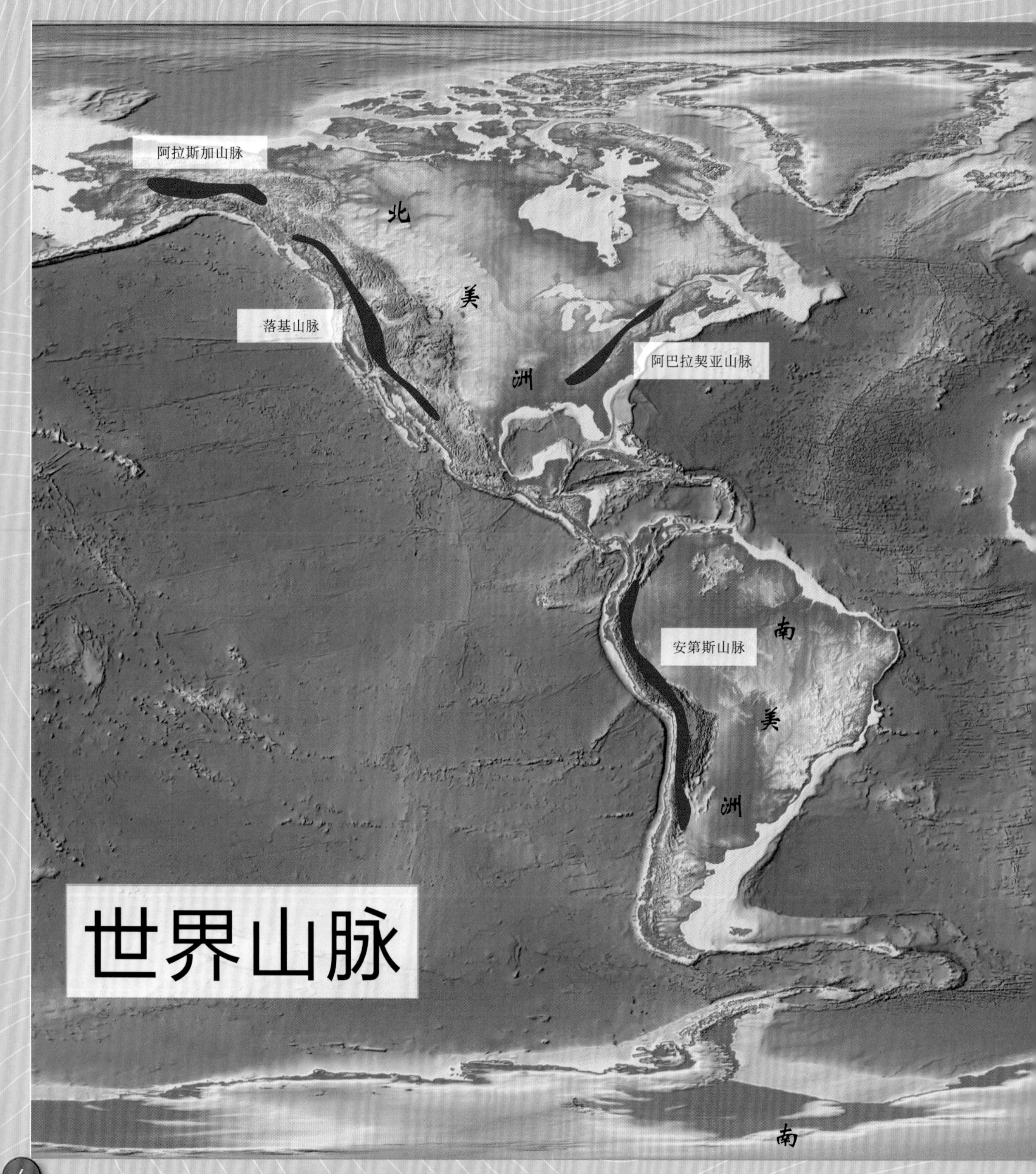

科雷马山原
乌拉尔山脉
欧 洲
阿尔卑斯山脉
天山山脉
兴都库什山脉
昆仑山脉
亚
洲
阿特拉斯山脉
扎格罗斯山脉
喜马拉雅山脉
非
洲
大
洋
洲
大分水岭
极
洲

目 录

·Contents·

乔戈里峰 | 最致命的高峰

乔戈里峰是世界第二高峰，但却是最危险的高峰，甚至连走近乔戈里峰的旅程本身也是危险的征程。1953年登上乔戈里峰的尝试以失败告终，但是登山家皮特·舍宁在危急时刻使用止坠技术，以一己之力拯救了整个登山队的壮举，让他举世闻名，也让乔戈里峰广为人知。舍宁是如何做到的？

迪纳利山 | 北极圈旁的"天堂的窗口"

迪纳利山从冰原上拔地而起，居高临下地俯视着环绕它的群山。它靠近北极圈，冰雪遍布，空气稀薄，雪崩频发，风暴总是突如其来。要攀登迪纳利山，先要滑雪穿越布满裂缝的冰川荒野。这样的艰难险阻，让一支登山队放弃了自己的名誉，谎称自己征服了迪纳利山。是谁第一次真正地登上了迪纳利山？迪纳利山的南峰和北峰，哪个更难攀登？

马特峰 | 每个人都能认出的山峰

马特峰可能是摄影师们最喜欢拍摄的山峰。锥形的山体、四面山坡、四条主要的山脊让马特峰的攀登充满了各种可能性。插画家怀伯尔率领六名队员完成了马特峰的首次登顶，却在下山时发生事故，四名队员坠入山谷，酿成了登山史上最常被人探讨、最有争议的一场悲剧。当时发生了什么？把队员们拴在一起的救命绳索是被割断了吗？

艾格峰 | 充满传奇的“食人魔”

艾格峰北壁是阿尔卑斯山脉中最大的北壁。陡峭的坡度、寒冷的气候、不期而至的落石……尽管恶劣的攀登条件制造了一起起悲剧，但却激起了无数登山者的雄心壮志。迄今为止，他们已经在北壁上开辟了30条登顶线路。艾格峰有何独特之处？为什么全世界的登山家们都如此钟情于它？

从空中俯瞰白雪皑皑的伯尔尼山。

贝尔的话

艾格峰的北壁有个德语外号“Mordwand”，意为“杀人壁”，因为众多登山者在攀登北壁时遇难。

阿尔卑斯山脉中的“食人魔”

在瑞士的伯尔尼山北侧坐落着三座高峰。海拔最高的是风景秀丽、银装素裹的少女峰，其次是门希峰。下图最左边是雄伟的艾格峰（Eiger，德语中意为“食人魔”），这个名字形象地描述了其险峻的外形。与阿尔卑斯山脉其他的山峰不同，这几座山峰位于瑞士著名的伯尔尼高地，山麓的丘陵上点缀着座座城镇和村庄，交通便利。由于这几座山峰容易抵达，因此它们很早就被登山者征服了——少女峰早在1813年就被首次登顶。在伯尔尼山中，海拔超过3655米的山峰有近50座，这里是登山家和滑雪爱好者的乐园。

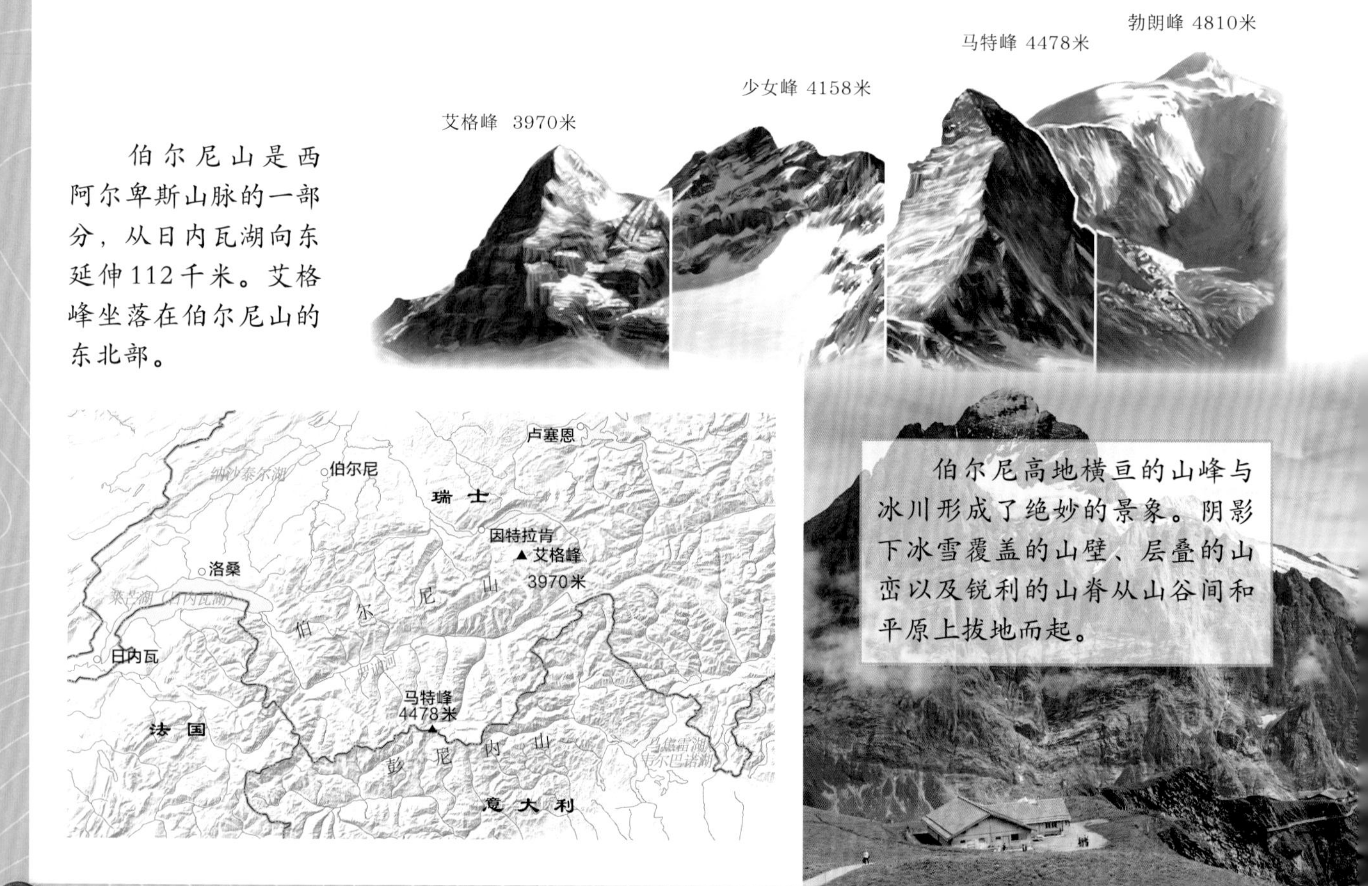

伯尔尼山是西阿尔卑斯山脉的一部分，从日内瓦湖向东延伸112千米。艾格峰坐落在伯尔尼山的东北部。

伯尔尼高地横亘的山峰与冰川形成了绝妙的景象。阴影下冰雪覆盖的山壁、层叠的山峦以及锐利的山脊从山谷间和平原上拔地而起。

岩石与冰川

在登山者眼中，伯尔尼山以岩石与冰川上的经典山脊路线，以及凶险的北坡攀登而著称。

“摇椅上的登山者”

游客可以在小沙伊德格（Kleine Scheidegg）车站通过望远镜遥望登山者的身影。这里是前往少女峰的列车的换乘站，旅馆和饭店齐全。这里距离艾格峰山脚不到2千米。

天气情况

伯尔尼高地处在阿尔卑斯山脉中最大的冰川区域与欧洲温暖的平原之间，因此天气变幻莫测。尤其是艾格峰，可以自发形成暴风雪。夏冬季节低温的夜晚或者晴朗的白天攀登条件最为有利，这时候的雪冻得很硬，松散的岩石也被牢牢地冻结在一起。

预警云

艾格峰下方的这片云海是由暖锋与冰冷山体相遇形成的。它与上方更高的云层连到一起时，就预示着恶劣的天气要来了。

贝尔的话

从山脉南面吹来的焚风越过山顶后会在背风坡形成干热气流，导致冰雪消融并变得不再稳固？对于登山者来说，这是十分危险的。

艾格峰的地形

有三条主要山脊和三面山坡会合在艾格峰顶。最著名的是广阔的凹面的北壁（或称北坡）——一面冰雪覆盖、垂直落差超过1800米的令人生畏的石灰岩峭壁。艾格峰的西坡路线穿越岩石带、碎石坡和雪坡，这条路线上的松散岩石会给攀爬者带来危险。夏季的白天，西坡路线易于攀登，而冬天却可能出现雪崩。艾格峰的南面是一段850米长的险峻岩壁，而狭窄的南部山脊则提供了一条处在积雪和岩石上的较简单的攀登路线。著名的东北山脊（Mittellegi Ridge），需要登山者沿着岩石山脊攀爬长达2千米的陡峭的角峰地带。

贝尔的话

登山者会给一座山峰的重要特征点取名字。艾格峰陡峭的北壁上的一片积雪，犹如蜘蛛肆意伸展的长腿一般，被称为“白蜘蛛”（White Spider）。

攀登历史

1858年，年轻的爱尔兰登山者查尔斯·巴林顿（Charles Barrington）和两位瑞士向导克里斯汀·阿尔默（Christian Almer）、彼得·伯伦（Peter Bohren）从比较简单的西坡首次登顶。今天，这条路线仍然是登顶的标准路线。

克里斯汀·阿尔默

克里斯汀·阿尔默是早期阿尔卑斯山脉最伟大的向导之一，他将攀登艾格峰描述为“无与伦比”的经历。他带领许多业余爱好者首次登顶了多个山峰。阿尔默攀登过整个阿尔卑斯山脉几乎所有山峰，但他最喜爱的山峰始终是他的家乡格林德瓦山谷（Grindelwald Valley）的维特霍恩峰（Wetterhorn）。

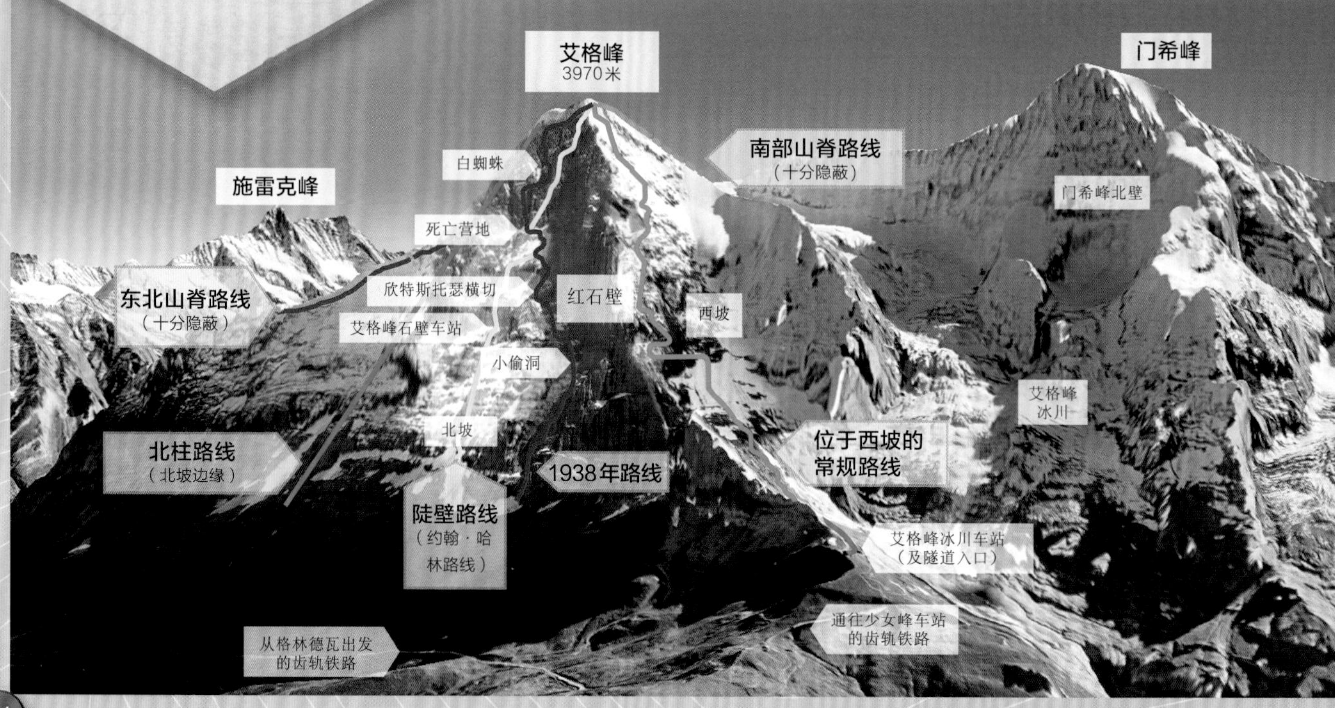

格林德瓦山谷

古老的格林德瓦村位于壮美的山峰脚下，是少女峰铁路的起点。这里是著名的冬季滑雪胜地，也是夏季度假胜地，交通便利，公路和铁路都可以到达。

火车隧道

艾格峰冰川车站是艾格峰西坡攀登路线最便利的出发地。火车一离开这里的草地，便一头扎进通往山脉中心的黑暗隧道。

东北山脊

1885年，登山者从另外一条路线上山，然后首次沿被认为无法攀登的东北山脊下山。而直到1921年，日本登山者槙有恒与三名当地向导才首次沿东北山脊路线登顶。今天，借助固定绳索可以攻克此路径上的最难路段，而这条攀爬路线也成为经典路线。

窗外的景色

有两条铁路线路可以到达冰海车站（Eismeer Station），从车站的玻璃观景窗看出去，正是艾格峰冰川的壮丽风景。登山者从这里走出去，穿过一片冰雪，可以到达东北山脊。

试登和悲剧

到了1865年，几乎所有的高峰都已被成功登顶，于是雄心勃勃的登山者开始探索新的攀爬路线：首先是山脊，然后是看起来相对容易的山壁。到19世纪20年代，那些在阿尔卑斯山区长大的年轻登山者在最难攀爬的山岩上磨炼出了新的攀登技能，开始面对新的挑战——那些被阴影覆盖的壮丽山峰的北壁，于是一座又一座的山峰被从北壁征服。而艾格峰的北壁一直被认为根本无法攀登，是最令人敬畏的目标。在这面垂直落差达1800米的绝壁上，布满难以攀爬的岩石和冰层，几乎没有清晰的落脚点和攀登路线可寻，还经常会遭遇碎石和暴风雪的袭击。这面山壁人尽皆知，因为它的高耸和艰险让每个人都触目惊心。站在北壁山脚下眺望，映入登山者眼帘的是远处绿油油的山麓、草木繁茂的山坡、山谷间散落的小屋以及富饶的草场。但只要向后转向南方，便会瞬间看到阿尔卑斯山脉冰冷的心脏。

1935年
两人遇难

1936年
四人遇难

1937年
两人生还

1938年
两人遇难

首攀悲剧

数名登山者为了探索山体进行过几次攀爬练习，但第一次正式攀登是在1935年。那次，两名登山者被困在了“死亡营地”，最终冻死。“死亡营地”位于峭壁的半山腰处，是一个狭小的凸出的平台。第二年，即1936年，又有四名登山者在艰难的下撤途中遇难。1937年，两位经验非常丰富的登山者成功下撤。1938年，在首登成功的前一个月，两名意大利登山者在“大裂缝”（Difficult Crack）附近坠落遇难。

探路者

“众神横切”（Traverse of the Gods）区域被认为是向北壁上半部攀爬的关键地带。这里是一片冰雪覆盖的岩架，通向“白蜘蛛”区域，布满突起的岩石，但攀爬起来并不是十分困难。

托尼·库尔茨

1936年，两位德国登山者托尼·库尔茨（Toni Kurz）和安德烈亚斯·欣特斯托瑟（Andreas Hinterstoisser），以及两名奥地利登山者埃迪·赖纳（Edi Rainer）和维利·安格雷尔（Willy Angerer）合作尝试攀登北壁。在一面毫无落脚点的光滑岩壁前，欣特斯托瑟发现了跨越横切的办法，但他们越过岩壁后抽掉了悬绳。在随后的攀爬中，安格雷尔被坠落的碎石击中。他们决定下撤，沿原路返回。由于悬绳被撤走，他们无法再次通过岩壁下撤，只能选择更危险的200米垂直下降。第四天，暴风雪来袭，库尔茨决定放弃安格雷尔的尸体，以获取更多绳索。在暴风雪中，欣特斯托瑟和赖纳也被夺去了生命。剩下的库尔茨，身体悬挂在北壁，因为绳索太短，始终无法下降到救援队所在的安全位置，几次顽强的尝试之后，他也精疲力竭地死去了。

左上方是四名登山者的照片：上面两位是赖纳和安格雷尔，下面两位是库尔茨和欣特斯托瑟，摄于1936年。

穿山铁路

1897年，一条穿越艾格峰和门希峰内部，长达7千米的隧道开始挖掘，使用电气化铁路连接山下的小沙伊德格火车站与少女峰鞍部的少女峰火车站。车站建有观景台，在这里，游客不但可以观赏壮观的阿尔卑斯山雪峰，甚至还可以观察到山坡上的登山者。隧道还建有一些分支，以便清理碎石。这条铁路在1912年竣工并投入使用。

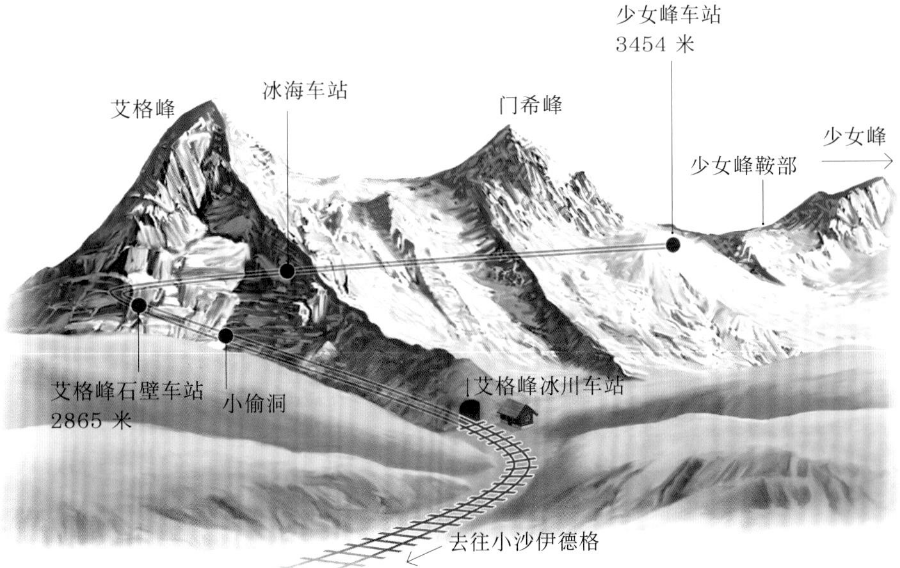

少女峰铁路在岩石隧道中开凿出两座车站——艾格峰石壁车站和冰海车站。在这两个车站，列车会短暂停留，游客可以下车，透过直通山峰外壁的巨大窗户观赏雪山冰海。

艾格峰登顶纪录		
1938年	首次成功登顶	海因里希·哈雷尔、弗里茨·卡斯帕雷克、安德烈亚斯·海克迈尔、路德维希·弗格
1961年	首次冬季登顶	托尼·金斯霍费尔、托尼·希贝勒、安德尔·曼哈特、瓦尔特·阿尔姆贝里耶
1963年	首次单人登顶	米歇尔·达尔贝莱
1973年	首次女性团队登顶	万达·鲁特凯维奇、达努塔·瓦赫、斯特凡妮娅·埃格施多芙
2008年	最快速度单人登顶	乌里·施特克

从艾格峰北壁俯瞰伯尔尼山的景色。

北壁的摸索

想要在艾格峰北壁探索出一条可行的、相对安全的攀爬路线，难度很大。卡尔·梅林格（Karl Mehringer）和马克斯·泽德尔迈尔（Max Sedlmayer）——第一队挑战者，花了几天的时间在山下用双筒望远镜研究北壁。北壁上时不时有崩落的岩石带着融化的雪翻滚而下，在坚硬的冰层表面掠过。如果遇到恶劣的天气，冰雪还会顺着岩壁倾泻而下。岩壁上安全的露营点少之又少，夜间的低温和稳定的天气状况都是安全攀登的必要条件。尽管最早挑战艾格峰的先驱者们并不缺少勇气，他们在东阿尔卑斯山脉陡峭的岩壁上早已磨炼出了足够的攀登技巧，但依然没遇到过如此艰险的攀爬条件。艾格峰是从草原上拔地而起，小沙伊德格的游客和媒体可以通过望远镜看清攀登者的一举一动。

四人登顶

1938年，两名经验丰富的德国登山者在“死亡营地”附近与两名勇敢的奥地利年轻登山者相遇，并决定组建攀爬团队。尽管他们在攀爬过程中经历了跌落、受伤、猛烈的暴风雪袭击，通过了冰雪覆盖的岩壁，在从未有人探索过的区域寻找攀爬的路线，但在第三天下午，他们终于成功登顶。之后，他们沿着西侧路线安全下山。

四位成功的首登者，前排从左到右：海因里希·哈雷尔(Heinrich Harrer)，路德维希·弗格(Ludwig Vorg)，安德烈亚斯·海克迈尔(Andreas Heckmair)和弗里茨·卡斯帕雷克（Fritz Kasparek）。来自慕尼黑的海克迈尔和弗格都是经验丰富的登山者。来自维也纳的卡斯帕雷克和哈雷尔虽然年轻，但有很好的攀登纪录。这四位登山者在阿尔卑斯山区的各个国家都受到热烈欢迎，他们的登顶作为重大事件被《伦敦新闻画报》报道。许多人曾一度以为北壁永远无法被征服。

成功的营救

登山者们将援救遇险者视为一种荣耀，但是登山界也普遍认为，在北壁上展开救援几乎不可能。1957年，两名意大利登山者克劳迪奥·科尔蒂(Claudio Corti）和斯特凡诺·隆吉（Stefano Longhi)，向北壁发起挑战。在接近“白蜘蛛”区域时，隆吉在绳索上意外滑坠，受伤被困。科尔蒂虽然继续向“白蜘蛛”攀爬，但是也很快受了伤，不能再行动。幸运的是，他们的事故被注意到，附近的登山者们开始朝他们移动，最新式的救援设备被搬运到山顶上。救援者阿尔弗雷德·黑勒帕特（Alfred Hellepart）系着一根细钢缆从山顶下降300米，背起被困了9天的科尔蒂后下降至安全地带。遗憾的是，当人们准备接近隆吉时，暴风雪袭来，人们只能放弃营救，隆吉的遗体在那里悬挂了两年。

贝尔的话

岩崩是登山者面临的重大危险之一。水的反复冻结和融化使岩石变得脆弱易裂。阳光或者温暖的天气融化掉冰雪后，碎裂的岩石就会滚落下来。另外，崩落的表层新雪，以及上方的其他攀登者，也可能引发坠石。

直升机的使用对阿尔卑斯山区的救援意义重大，救援人员可以通过直升机的吊绳下降至绝大多数位置，对受困者展开救援。

令人惊叹的救援壮举

科尔蒂的成功获救令阿尔卑斯登山界惊叹不已。当时，格林德瓦的首席向导认为北壁上的救援根本无法实现，但是很多人不同意，慕尼黑救援队有适用的设备，登山者们有帮助同伴的决心。最终挽救科尔蒂的生命的，正是大家的齐心协力和巨大勇气。

紧随先锋之后

首登破冰之后，1947年，两位伟大的法国向导利昂内尔·泰雷（Lionel Terray）和路易斯·拉舍纳尔（Louis Lachenal）再次经由北壁登顶。而其他13支队伍也在接下来的10年中陆续登顶。悲剧仍时有发生，但越来越多的顶级登山者在北壁取得成功。一项项新的挑战成功了——首次冬季登顶、首次单人登顶、首次女性团队登顶以及首次中线直升登顶。到了20世纪80年代，艾格峰北壁已经成为世界各地的雄心勃勃的登山者的目标，人们也在不断开辟新的登顶路线。虽然全球变暖和冰原萎缩增加了攀登的危险，但迄今为止，人们已经探索出30条不同的路线。冬季已成为登山者尝试攀登北壁的最佳季节，因为冬季的气候条件稳定，而且现代服装和装备能够应对这样的气候。

贝尔的话

1938年，登山靴还是用皮革和钉子制造的，但在艾格峰北壁首登成功的团队中，三位登山者也使用了冰爪。冰爪有助于登山者在冰面上站稳。现代登山者普遍选用双层防水靴。

登山女王

1973年，波兰登山者万达·鲁特凯维奇（Wanda Rutkiewicz）带领首支女性登山队经由艾格峰北壁登顶。这也是新的北柱路线的第二次成功攀登。这位经验丰富的高海拔登山者，当时的“雪山女王”，于1992年在尝试单人登顶干城章嘉峰时失踪。

路线名称

1. 劳珀（Lauper）路线
2. 东北冰柱苏格兰人路线
3. 斯洛文尼亚路线
4. 哈林陡壁路线
5. 转念（Metanoia）路线
6. 日本人陡壁路线
7. 1938年路线，或称首登路线
8. 吉利尼-皮奥拉（Ghillini-Piola）峭壁路线
9. 天鹅之歌路线
10. 奥克斯纳-布伦纳（Ochsner-Brunner）路线

多条登顶路线

登山者们会不断寻求新挑战，北壁也由此诞生更多新的登顶路线。每条路线都包含很多艰险路段，即使对于经验最丰富的登山者来说，顺利登顶也是不小的成就。

电影《勇闯夺命峰》的摄制

1974年，演员兼导演克林特·伊斯特伍德（Clint Eastwood）大胆决定，将小说《勇闯夺命峰》（*The Eiger Sanction*）拍摄成电影。这是一部主要场景位于艾格峰北壁的谍战题材的惊悚片。由英美两国登山者和山地摄影师组成的强大团队，与演员们在小沙伊德格会合。尽管已经避开了北壁最险要的地段，拍摄艾格峰的壮美风景还是花费了他们6周的时间。

珠穆朗玛峰 | 世界之巅，荣耀之巅

登山家乔治·马洛里被问到为何要攀登珠穆朗玛峰，他回答说："因为它就在那里！"珠穆朗玛峰是世界最高峰，是登山者们的终极目标。南坳路线、北坳路线、首次登顶、不借助氧气罐登顶……人类不停地尝试用不同的方式征服珠峰。乔治·马洛里的归宿在哪里？珠峰为什么会越来越拥挤？

喜马拉雅山脉档案	
总面积	612020平方千米
全长	2450千米
国家	中国，不丹，尼泊尔，印度，巴基斯坦
发源于此的河流	印度河，恒河，雅鲁藏布江，绒布河，杰纳布河，萨特莱杰河
世界高峰数量	世界最高的14座山峰中有10座在喜马拉雅山脉

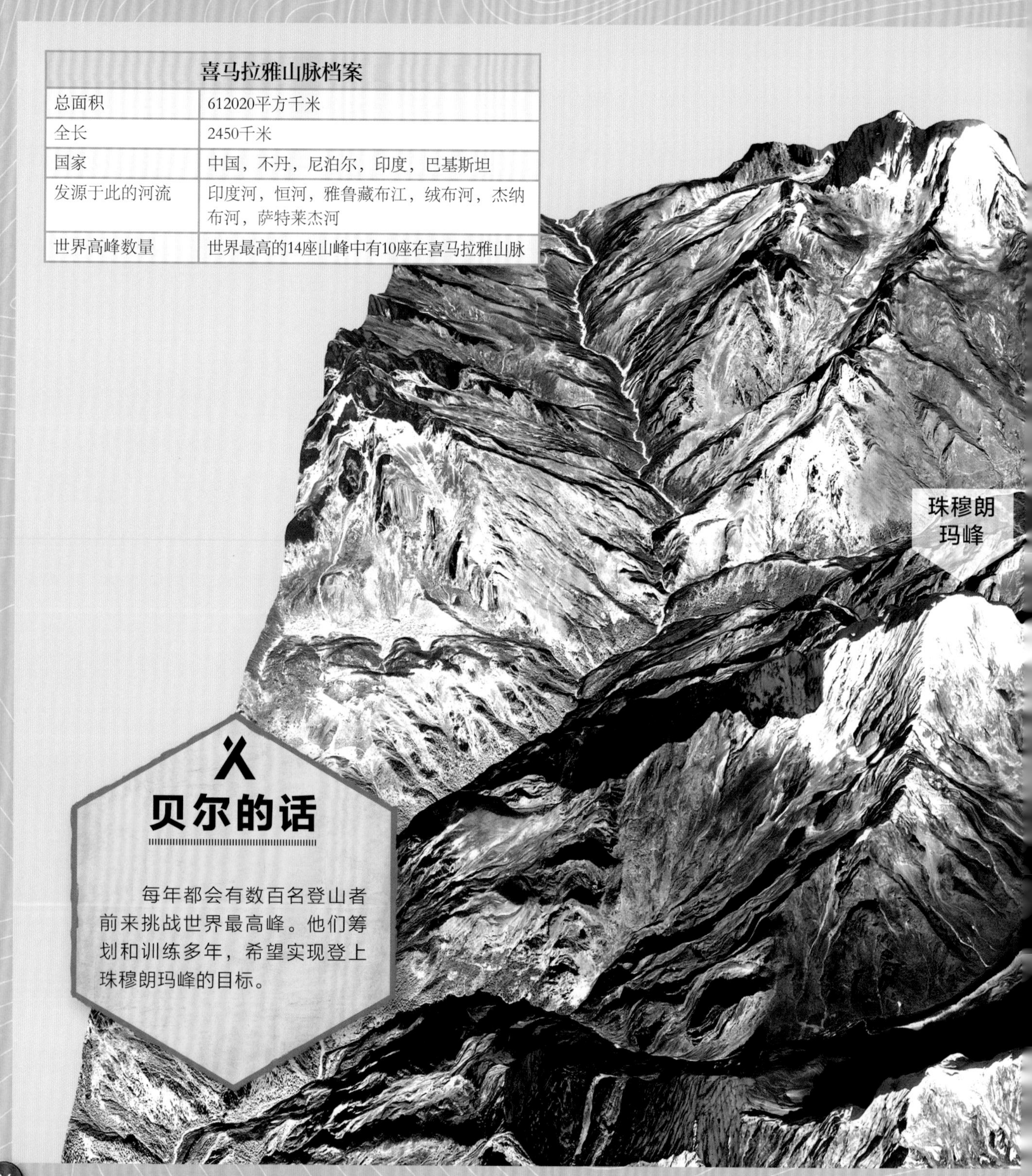

贝尔的话

每年都会有数百名登山者前来挑战世界最高峰。他们筹划和训练多年，希望实现登上珠穆朗玛峰的目标。

洛子峰
努布策山
巴鲁特斯峰
伊姆扎峰

世界之巅

珠穆朗玛峰是喜马拉雅山脉的主峰，海拔8844.43米（峰顶冰雪深度3.5米），是世界最高峰，位于中国与尼泊尔边境线上。大约6000万年以前，喜马拉雅山地区是一片海洋，由于地壳运动，海底受到挤压被推出水面，并最终形成高耸的山脉。一直以来，珠穆朗玛峰都吸引着来自世界各地的登山爱好者的目光，他们穷尽自己的能力与技巧来挑战这座世界海拔最高的山峰。珠穆朗玛峰的海拔比世界第二高峰乔戈里峰高233.43米。

珠穆朗玛峰的形成

喜马拉雅山脉是地球上最年轻的山脉之一，也是海拔最高的山脉。板块构造理论揭示了它的形成是印度洋板块与欧亚板块相互碰撞挤压的结果。这些板块处在地球软流圈上层，至今仍在以每年大约50—100毫米的速度运动。

1 印度洋板块开始漂移

大约1.45亿年以前，印度洋板块从冈瓦纳古大陆分裂出来，开始向北方的欧亚板块漂移。

2 印度洋板块向欧亚板块俯冲

当印度洋板块接近欧亚板块时，海底地层一起移动。欧亚板块边缘形成了一系列火山。

3 碰撞开始

印度洋板块被推向欧亚大陆。海底岩层被两个大陆挤压到一起并向上抬升，形成了喜马拉雅山脉。

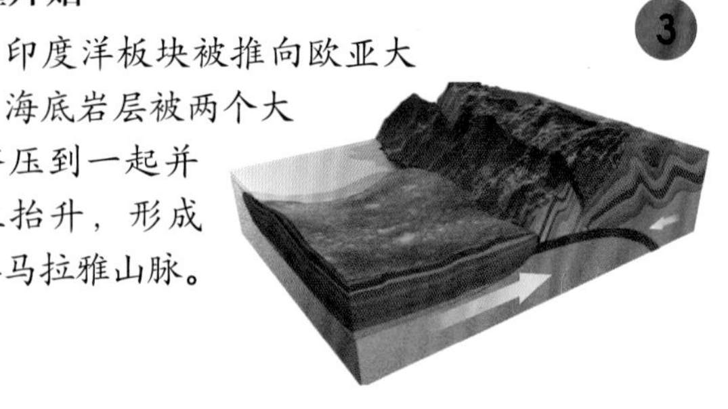

4 褶皱和隆起

海底岩层持续受到向上和向外的挤压而隆起，这个运动至今尚未结束，喜马拉雅山脉还在缓慢地上升。

珠穆朗玛峰的地质构成

令人难以置信的是，珠穆朗玛峰的峰顶实际上是由石灰岩构成的——古老的海床由于地球板块的运动，变成了高耸的山岩，因而，世界最高峰上分布着大量深海生物化石。2亿年前，古老生物的残骸沉积到海底，变成沉积岩层中的化石，岩层由于板块运动碰撞并向上抬升，成为今天的珠穆朗玛峰。因此，当登山者在白雪皑皑的峰顶插下旗帜时，脚下便有这些古老的化石。曾登顶的埃德蒙·希拉里（Edmund Hillary）也证实，珠穆朗玛峰峰顶1000米以内的岩石中含有海洋贝类的化石。

一直以来，板块构造理论都只停留在理论阶段，无法证实，直到探险家们从珠穆朗玛峰的峰顶带回了岩石样本，请地质学家们进行研究。板块构造理论终于获得了化石证据的支持。

主要山峰和河流

珠穆朗玛峰

靠近珠穆朗玛峰峰顶的岩石，主要是石灰岩。

绒布冰川

绒布冰川是通往珠穆朗玛峰北面山脚的主要通道。攀登者可以沿东绒布冰川到达北坳以及北山脊。

努布策山

又称“西峰”，坐落在珠穆朗玛峰的西南山壁对面。攀登至珠峰一号营地和二号营地的艰难，在努布策山可怕的悬崖峭壁前相形见绌。

绒布河

绒布冰川融化的雪水汇集成绒布河，向北流去。但是，绒布河并没有流入沿喜马拉雅山北麓一路向东的雅鲁藏布江，而是注入了朋曲，之后流向尼泊尔境内，改称阿润河，最终像喜马拉雅山脉峡谷里的众多河流一样汇入恒河。

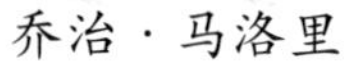

乔治·马洛里

征服珠峰

在众多挑战珠穆朗玛峰的登山者中，最著名的两位是乔治·马洛里（George Mallory）和安德鲁·欧文（Andrew Irvine）。马洛里是英国登山界的明星，他和22岁的安德鲁·欧文一起尝试攀登珠峰。1924年6月8日，就在马洛里38岁生日的几天前，他和欧文在距离珠穆朗玛峰峰顶不远处失踪。直到75年之后，马洛里的遗体才被发现，而欧文和他们随身携带的照相机仍未见踪影。很多人认为他们已经登顶珠峰，是在下山途中遇难的，但没有人确切知道在山上到底发生了什么。

19世纪20年代珠穆朗玛峰的攀登记录

1921年	1922年	1924年
英国登山队沿着珠穆朗玛峰北坡攀登，途中发现了壮观的东绒布冰川。他们顺着这条路线到达北坳。	英国登山队再次尝试攀登珠峰。马洛里领导第一支队伍在不带氧气瓶的情况下攀登到海拔8200米处。第二支队伍沿着另一条路线，带氧气瓶到达了海拔8320米处。	在英国登山队的第三次攀登中，马洛里和欧文尝试向更高的海拔挑战，但最终一去未返。另外两名队员，霍华德·萨默维尔（Howard Somervell）和爱德华·诺顿（Edward Norton）也尝试了攀登。诺顿在未携带氧气瓶的情况下到达海拔8570米处，之后返回。

贝尔的话

阿尔卑斯山脉的众多险峰为马洛里和许多其他年轻的英国登山者提供了攀登体验。马洛里的攀登生涯从18岁就开始了。

1933年，欧文的冰镐在第一台阶附近被发现。1975年，一名中国登山者表示在高海拔处看到了一具可能是英国人的遗体，似乎已经在那里很多年了。终于，在马洛里和欧文失踪75年后的1999年，一支美国登山探险队开始搜寻他们的遗体。美国登山队仔细研究了获得的线索，并精心策划了这次搜寻行动。登山队在第二天就发现了马洛里的遗体，衣服上还缝着他的名牌，他那双20世纪20年代的独特钉靴也基本完好。

马洛里的钉靴

马洛里的遗体在海拔8160米处被发现。遗体有明显外伤，前额有一处很深的伤口，一条腿断了，腰上还缠着登山绳。

首次登顶

1953年3月，350名尼泊尔搬运工把登山物资运到了位于珠穆朗玛峰下面的汤波崎寺（Tengboche Monastery）。汤波崎寺营地是英国登山队为征服珠峰而设立的休整场所。20年前的1933年4月，英国两架带增压发动机的双翼飞机试图飞越珠峰，但在峰顶附近遭遇强风，差点坠毁。珠穆朗玛峰一直在拒绝尝试征服它的人，无论是飞越还是攀登。

埃德蒙·希拉里

希拉里的家乡在新西兰。16岁时，他在学校组织的一次滑雪活动中第一次接触了爬山和滑雪。1953年，33岁的他希望登顶世界最高峰。

丹增·诺盖

1952年，丹增·诺盖（Tenzing Norgay）和瑞士登山队员雷蒙德·兰贝特（Raymond Lambert）从南坡攀登珠峰，到达海拔8595米的新高度后，因天气变坏而以失败告终。

攀登准备

1953年3月，一支有史以来最强大的英国登山队聚集在加德满都的英国大使馆。在印度闷热的天气里，登山队用铁路和卡车运输，将473包物资运送到尼泊尔边境。在那里，他们再使用架空索道，将物资传送至位于加德满都谷地中的营地。这些物资里包括一批产自新西兰的双层鹅绒睡袋，是埃德蒙·希拉里为探险队员们准备的。在珠穆朗玛峰的极端低温下，这些睡袋派上了大用场。

1953年的英国登山队，每一名队员都肩负特定的职责。如果没有如此强大的团队合作，希拉里和诺盖就不太可能取得成功。在最终登顶的二人背后，是一支忠于职守、技能纯熟的登山团队。

贝尔的话

给养和物资由尼泊尔当地的专业团队搬运到每个营地。攀登雪山会消耗巨大的体力，因此队员们需要充分的休息和良好的营养。

最后的冲刺

希拉里和诺盖目送他们的团队返回四号营地，之后二人独自面对最后的冲刺。经过多年的准备和团队合作，现在轮到他们两个人创造历史了。虽然他们只在峰顶停留了15分钟，但那珍贵的、来之不易的时刻改变了他们的一生。

胜利当之无愧

1953年5月29日上午11时30分，二人成功登顶。希拉里为他的登山搭档拍下了这张站在世界之巅的照片。

国家英雄

成功登顶之后，希拉里和诺盖成为英雄，回到英国后，他们受到热烈欢迎。

深入死亡地带

即使抛开糟糕天气的影响不谈，珠穆朗玛峰本身也充满危险。有的登山者滑坠，有的被冻死，很多人会发生高原反应，需要紧急救治并下撤到低海拔地带才能缓解。珠穆朗玛峰位于所谓的“死亡地带”，那里氧气稀薄，身体器官容易因为缺氧而发生衰竭。因此，登顶后尽快下撤，返回富氧环境中，是唯一的生存之道。

北坳路线

北坳路线就是1924年马洛里和欧文所走的路线，1960年中国登山队沿此路线成功登顶。这条路线上有三个“台阶”，第二台阶处是一面8米高的几乎垂直的岩壁，中国登山队在这里架设了长达6米的著名的“中国梯”。这里是攀登中的难点，因此经常拥堵。北坳路线通向东绒布冰川，因此，东绒布冰川是北坡登顶的必经之路。

喜马拉雅山脉

喜马拉雅山脉是地球上最高大最雄伟的山系。全世界14座海拔8000米以上的高峰，有10座位于这里。

世界屋脊

登山者站在世界最高山系的主峰——世界最高峰珠穆朗玛峰上，脚下是曾经沉积于海底的石灰岩。印度洋板块与欧亚板块的碰撞造就了喜马拉雅山脉，而两个板块持续的挤压让这一山脉越来越高。

喜马拉雅山脉的气候

喜马拉雅山脉盘亘着数百座海拔超过7000米的高峰，许多至今仍未有人登顶和命名。来自印度洋的西南季风由南向北移动，给印度次大陆带来丰沛的降水，给高耸的山峰带来降雪，而山脉北方的雨影地区则干燥少雨。当气温上升，山顶的积雪消融，汇入冰川。这些冰川是亚洲众多知名河流的发源地。

南坳路线

自1953年人类首次登顶珠峰以来，有成百上千的登山者沿着这条路线登顶。有人说，南坳路线比北坳路线更艰险，因为南坳的昆布冰瀑不稳定，经常发生雪崩。而且由于冰瀑不停地移动，穿越冰瀑的路线每天都不相同。登山者通常在凌晨一两点钟出发，此时气温最低，冰瀑和西库姆冰斗（Western Cwm）相对稳定，攀登最安全。到了正午，珠穆朗玛峰、洛子峰和努布策山上的积雪反射的阳光可以使气温上升到38摄氏度，这个时候就不安全了。这条路线经过的洛子壁（洛子峰的西北山壁）也很消耗体力，攀登者必须扣上安全环并且抓紧绳索来辅助攀登和防止坠落。攀登者通常从三号营地开始使用氧气，之后依然沿着洛子壁一路向上攀爬，到达位于南坳的四号营地。

贝尔的话

丹增和希拉里成功登顶的关键是团队合作。在漫长的攀爬途中，队员的团队协作决定了这次攀爬的成功。

珠穆朗玛峰北坡。摄于海拔6000米的洛拉山口。

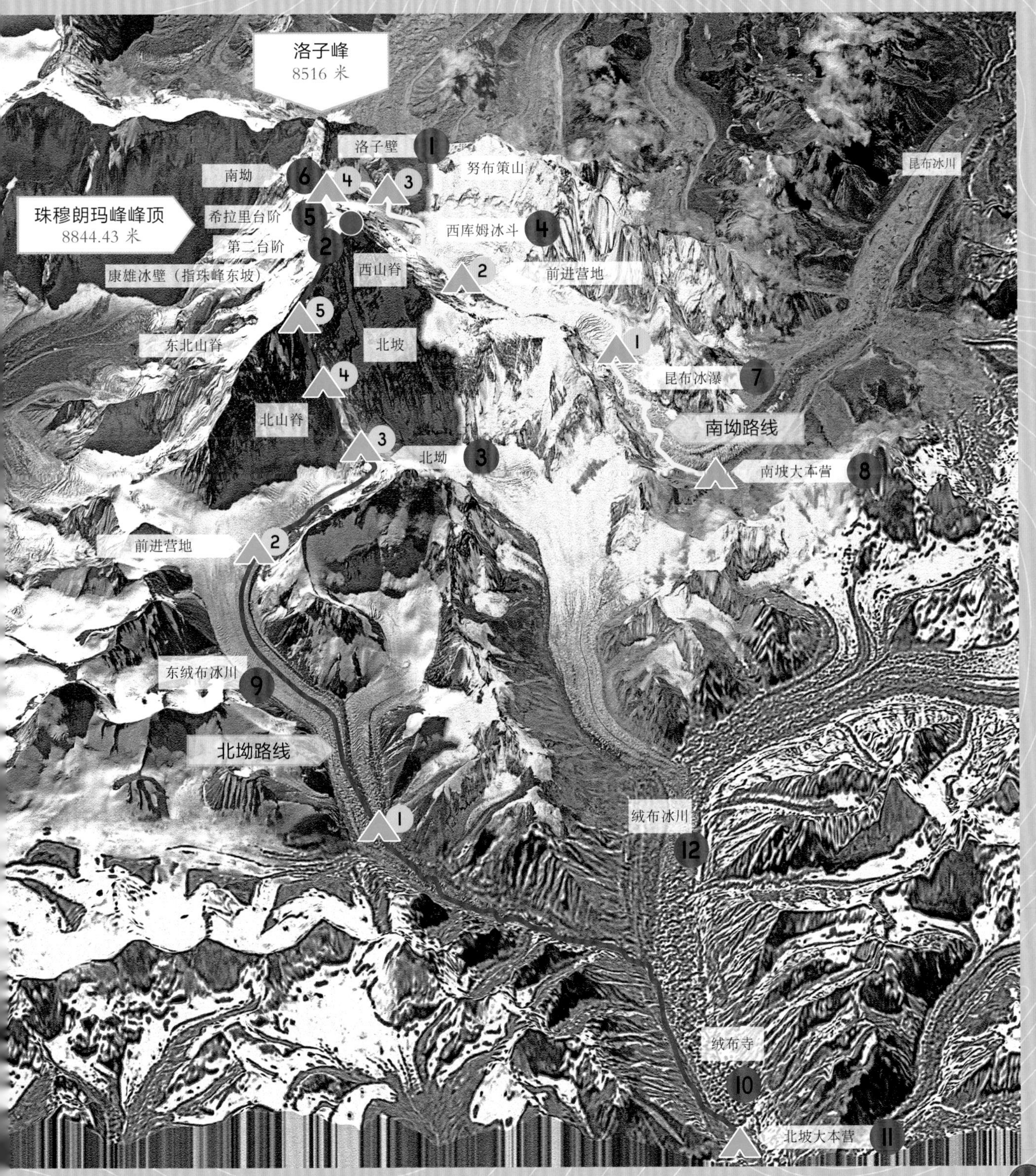
洛子峰
8516 米
洛子壁
1
努布策山
南坳
6
4
3
珠穆朗玛峰峰顶
8844.43 米
希拉里台阶
5
西库姆冰斗
4
第二台阶
2
康雄冰壁（指珠峰东坡）
西山脊
2
前进营地
5
东北山脊
北坡
1
昆布冰瀑
7
4
北山脊
南坳路线
3
北坳
3
南坡大本营
8
前进营地
2
昆布冰川
东绒布冰川
9
北坳路线
1
绒布冰川
12
绒布寺
10
北坡大本营
11

洛子壁

洛子壁高1300多米，位于西库姆冰斗上方。这段路坡度不是特别陡，但一路上都是坚冰，还有几道巨大的裂隙。洛子壁中途会设有三号营地，并且会在攀爬线路上设置路绳。

第二台阶

登上北山脊之后就转向东北山脊，在那里，攀登者要面对的是海拔8595米处的第二台阶。这是一面极难攀爬的8米高的垂直岩壁。许多人至今还对马洛里当年是否成功登上这面岩壁持有怀疑。现在，大多数攀登者用中国登山队留在那里的金属梯子爬上第二台阶。

3 北坳

陡峭的雪坡向上延伸270米，到达北坳。北坳海拔7070米，是连接章子峰与珠穆朗玛峰的鞍部位置。这里是阴冷的风口，但仍然是登顶前扎营的好地方。

4 西库姆冰斗

西库姆冰斗是长约3千米的冰川峡谷，被珠峰、洛子峰和努布策山的山壁包围，是地球上海拔最高的冰谷。这里风刮不进来，加上高海拔的阳光直射，所以白天酷热，夜里却冷得刺骨。南坳路线二号营地设在这里，海拔约6400米。

5

希拉里台阶

希拉里台阶是横亘在峰顶下方狭窄的东南山脊之上一段20米长、近乎垂直的岩石断面。当年，埃德蒙·希拉里利用岩壁上的一个狭窄的裂缝艰难爬上了峰顶，而后来的攀登者们都是依靠固定绳索。遗憾的是，希拉里台阶很可能已在2015年的尼泊尔大地震中被摧毁。

6

南坳

南坳位于海拔7906米处，是珠穆朗玛峰和洛子峰之间的鞍部位置，没有遮挡且风势很大，南坳路线四号营地设在这里。登山者会在这里做必要的短暂停留，等待登顶时机。

7

昆布冰瀑

昆布冰瀑是由冰川向下滑动时形成的冰塔、碎冰组成的巨型迷宫，绵延600米，直到山脚下的昆布冰川。经验丰富的攀登者通常需要六七个小时才能穿过冰瀑区。

8

南坡大本营

南坡大本营建在海拔5350米的昆布冰川上，这里可不是度假的好地方——海拔高，空气稀薄，想充分休息是很困难的。不过，牦牛驮队可以把美味的食物运到这里，营地上甚至还搭了淋浴帐篷，以改善登山者的生活条件。

9 东绒布冰川

东绒布冰川是一段覆盖在碎石坡上的冰塔林，沿着东绒布冰川，可以到达北坳山脚下的前进营地。马洛里1921年勘查珠峰地区的时候到达了北坳，认为这里是从北坡登顶的关键。

10 绒布寺

绒布寺位于绒布冰川脚下，是前往珠峰东北山脊攀登路线起点的必经之地。绒布寺是世界上海拔最高的寺庙，大约有60名僧人栖身于此，四周景观壮美。

11

北坡大本营

北坡大本营位于绒布冰川的冰舌下方。北坳路线本身并不复杂，最难攀爬的第二台阶现在也可以借助金属梯子登上。然而，身处高海拔地带，做任何事情都不容易，每向上迈一步可能都需要深呼吸好几次。

12

绒布冰川

从大本营出发，攀登者先要穿过绒布冰川长长的冰碛地带，在分支处转向东绒布冰川，之后到达前进营地。由于全球气候变暖，在过去的一个世纪里，大多数冰川都在消融。

贝尔的话

牦牛体形壮硕，有惊人的负重能力，在高原上行走稳健。因此，人们用牦牛将沉重的物资运往登山营地。

无氧登顶

莱因霍尔德·梅斯纳尔（Reinhold Messner）有着骄人的登山纪录，他已经征服了许多座世界高峰，但他还是决定做一些前人没做过的事——单人无氧登顶珠穆朗玛峰。大多数登山者在攀登海拔7000米以上的高峰时需要使用氧气，他们会携带氧气瓶来克服空气稀薄的情况。因此，梅斯纳尔需要调整好身体状态，使身体机能能够适应高海拔地区的氧气含量，才可能实现目标。此外，独自登顶也是一大挑战，因为这意味着如果遇到困难或者危险，旁边没有人能帮你，连一起搭过夜帐篷的人都没有。

梅斯纳尔出生在意大利南蒂罗尔的德语区，是首个登顶全部14座海拔8000米以上雪峰的人。梅斯纳尔是最负盛名的登山家之一，被誉为“登山皇帝”。

梅斯纳尔主要攀登纪录（均为无氧攀登）		
1970年	南迦帕尔巴特峰	8125米
1972年	玛纳斯鲁峰	8163米
1975年	加舒尔布鲁木第一峰	8080米
1977年	道拉吉里峰（未登顶）	8172米
1978年	珠穆朗玛峰	8844.43米
1979年	乔戈里峰	8611米
1980年	珠穆朗玛峰（首次单人登顶）	8844.43米
1981年	希夏邦马峰	8027米
1982年	干城章嘉峰	8586米
1982年	加舒尔布鲁木第二峰	8035米
1982年	布洛阿特峰	8047米
1983年	卓奥友峰	8201米
1985年	安纳布尔纳峰	8078米
1985年	道拉吉里峰	8172米
1986年	马卡鲁峰	8485米
1986年	洛子峰	8516米

峰顶附近的高海拔区域被称为“死亡地带”，因为在这里，身体机能会因为缺氧而衰竭，导致死亡。图为丹增·诺盖和希拉里，头戴氧气瓶和面具。

贝尔的话

皮肤长时间暴露于0℃以下的环境中时，可能会冻伤。手指、脚趾、鼻子和耳朵等部位尤为脆弱。

贝尔的话

随着海拔的增加，空气变得越来越稀薄，人体的氧气摄入量就会减少。

空气稀薄意味着什么？

我们每天呼吸的空气中含有21%的氧气，这是人类、其他动物和植物都需要的。在低海拔地区，因为气压正常，我们可以舒适地呼吸，可以毫不费力地吸入空气。但随着海拔的增高，比如在海拔超过2500米的山上，气压比较低，空气会比较稀薄，呼吸艰难。人体每呼吸一次，吸入的氧气比在海平面附近吸入的氧气少，身体无法获得正常活动需要的氧气，就连呼吸本身都会耗费大量体力。

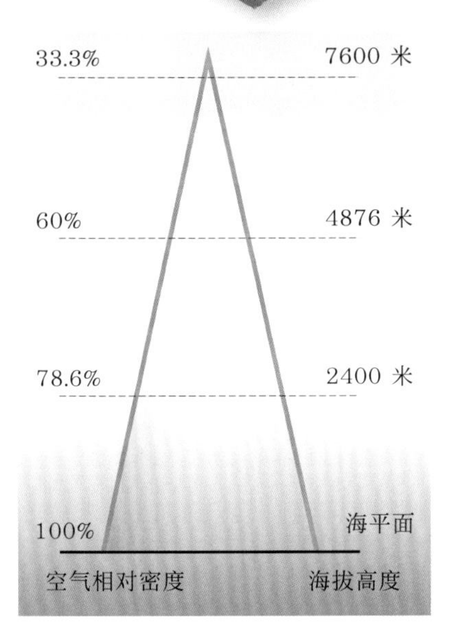

图为1980年，梅斯纳尔首次无氧单人登顶珠峰后手指峰顶的照片。

适应高海拔环境

在高海拔环境攀登和生存的关键之一，是让身体适应稀薄的空气，因此，许多登山者在挑战高峰之前，会在海拔较高的地区待上几周。通过这一过程，他们血液里的每个红细胞将能够运送更多的氧。正式冲顶前的尝试攀登也会有帮助：登山者可以先把装备带到高海拔的营地，以便在最后冲顶时使用。1980年，在首次单人登顶珠穆朗玛峰以前，梅斯纳尔在海拔5000米以上的地区准备了7周，他的身体已经完全适应了稀薄的空气。在那之前的1978年，他和同伴彼得·哈比勒（Peter Habeler）完成了人类历史上首次无氧登顶珠穆朗玛峰的壮举。

在海拔5000多米处，冰川下巨大的冰碛砾石堆中有一块平坦的地方，常常会有多支探险队的几十顶帐篷挤在这里扎营。保障团队会为登山队员们提供可口的食品、舒适的帐篷，甚至是热水澡，以鼓舞登山者的士气。

拥挤的珠峰

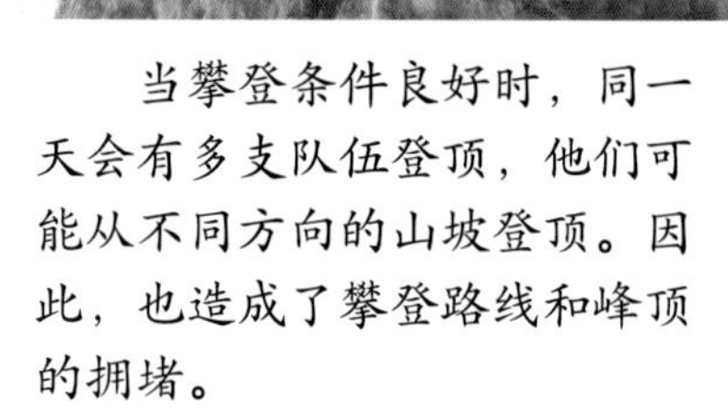

当攀登条件良好时，同一天会有多支队伍登顶，他们可能从不同方向的山坡登顶。因此，也造成了攀登路线和峰顶的拥堵。

首次登顶一座高峰，或者开创一条新的登顶路线，是最具挑战性的。跟随其后的攀登者会确信，这座山是可以征服的。到1970年，全世界只有来自6支登山队的28名登山者成功登顶珠穆朗玛峰。20年之后，又有十几条不同的登顶路线被开发出来，有几条难度很大。在20世纪80年代，尝试登顶的人越来越多。南北两侧的传统登顶线路最为直接，之后便有商业探险公司基于这两条线路提供登顶的向导服务。截止到2000年，已经有超过1100名登山者登顶珠峰，如果天气好的话，一天之内就会有几十人登顶。这种模式延续至今，在珠穆朗玛峰的攀登季，前来挑战登顶的人数日益增加。

在商业探险队的带领下，几十名登山者可能赶在同一天登山。攀登线路上，一些路段固定的登山绳一次仅能供一名登山者通过，这也会导致拥堵。

雪崩是怎么发生的？

雪崩最有可能发生在倾斜角度为30°—45°的陡峭雪坡上，不过即使是25°左右的缓坡，也有可能发生较大雪崩。降雪期间和降雪后，或是在长时间的太阳照射之后，雪体很不稳定，尤其是在陡峭的山坡上的雪。而当降雪速度达到或超过每小时2厘米的时候，雪崩的风险会大大增加。最可怕的一种雪崩是冰崩，因其时间和规模完全不可预测。喜马拉雅山脉的冰崖像有弹性的橡胶，在最终崩塌之前，它们会不断向前倾斜，在崩塌中会将巨大的冰块抛向前方。

珠穆朗玛峰的气候

珠穆朗玛峰的峰顶高高地耸入高空急流带，这是围绕地球的一条较窄的高速气流带，位于海拔8000米以上的高空。因此，无论何时登顶，都要考虑风速和天气的影响。除了常规的冬季降雪之外，尼泊尔一侧的喜马拉雅山脉还会受到夏季季风的影响。从每年的6月到9月初，季风也会给喜马拉雅山带来大规模降雪。最初，人们普遍认为珠峰只有一个适合攀登的时间，那就是在6月初，季风来临之前的短暂时间。但是，20世纪50年代，人们又意识到，季风过去之后的9月下旬，天气状况也较为稳定。事实上，季风过后的那段时间的天气状况，比季风来之前还要稳定，虽然要寒冷许多，但是现代的服装和装备完全可以帮助登山者抵御严寒。因此，现在珠穆朗玛峰有两个官方攀登季：季风来临前的3月—6月初和季风过后的9月—10月。

珠穆朗玛峰的气候	
温度	1月：峰顶平均温度-36℃；最低温度为-60℃ 7月：峰顶平均温度-19℃
风速	10月至次年3月：几乎恒定的一级飓风风速（150千米/时） 6月至9月：几乎无风（24千米/时）

1月 2月 3月 4月 5月 6月 7月 8月 9月 10月 11月 12月

-36°C -34°C

珠穆朗玛峰最好的攀登时间是5月、6月或9月。

极高的海拔意味着这里的气温比地球上其他大多数地方要低很多。

贝尔的珠峰攀登 | 一次改变人生的冒险

23岁时，贝尔在一次跳伞事故中摔断了三块脊椎骨，差点失去站立行走的能力。他将珠穆朗玛峰的海报贴在家里的墙上，在它的激励下重新站了起来，并且最终亲身体验了珠峰攀登的独特魅力。贝尔在攀登途中意外跌进冰裂缝里，手臂上一块骨头摔断了。他还有机会登顶吗?

神奇的山峰

我第一次领略到喜马拉雅山脉的雄伟，是在印度北部地区和朋友的一次徒步旅行中。它远远地屹立在那里，雪白的峰顶与蔚蓝的天空互相映衬。那画面令人心旷神怡，仿佛有只无形的手，引诱我走向这座世界最高峰，告诉我那里将会有怎样一场终极大冒险。我23岁那年在南非跳伞时，降落伞没能完全打开，导致我猛地冲向地面，摔断了三块脊椎骨。那次，我差点就再也不能站起来自由行走了。我把珠穆朗玛峰的海报挂在家里的墙上，它激励着我挖掘自己身体的潜能，我最后终于站起来了。它仿佛给了我一个机会，让我能够证明自己的力量，治愈自己的内心。在接下来的几年里，我追随着那些传奇探险者的脚步。这也是一次改变我人生的探险。

终于站在山顶，俯瞰下面的世界，这种令人兴奋的经历实在太少了。

珠穆朗玛峰是地球上最高的山峰，是世界之巅。令人惊讶的是，这里曾经是古老的海床。

喜马拉雅山脉从巴基斯坦绵延2400多千米至中国西藏，世界最高的十几座山峰中的绝大部分在这个山脉里。珠穆朗玛峰就属于喜马拉雅山脉。喜马拉雅山脉地域广阔，甚至可以对南北两侧的气候产生影响。由于地球板块运动的影响，它仍在以每年4毫米的速度增高。

贝尔的话

在应对众多危险因素时，除了保暖和防止坠落以外，大量饮水是非常必要的，因为脱水具有致命危险。

世界之巅

珠穆朗玛峰海拔8844.43米，是地球上的最高峰。它比世界第二高峰乔戈里峰高出200多米。

极端天气

峰顶风速可达280千米/时，温度-16℃至-60℃。空气稀薄，氧气含量只有海平面处氧气含量的33%。

遇难者和失败经历

截至2016年，已有286人在攀登珠峰途中遇难。世界各地都有登山者为了追逐梦想而来，却不幸献出了生命。珠峰上的天气瞬息万变：暴风雪、飓风级的狂风、骤降的气温以及雷暴，变幻莫测。天气如此恶劣，再加上雪崩、冰川上遍布的巨大裂缝、陡峭的冰壁和高海拔缺氧，导致成功登顶的可能性极低。

永恒的安息

很多遇难者的遗体至今仍留在珠穆朗玛峰的山坡上，因为搬运下山的难度极大。稀薄的空气和极低的温度让遗体完好地保持着生命逝去时的状态。珠峰大本营有很多登山失联者的纪念碑。

贝尔的话

有人曾经问乔治·马洛里为什么要攀登珠峰。他回答说：“因为它就在那里！”只有你亲眼看到珠穆朗玛峰时，才能理解它的魅力。

乔治·马洛里

经验丰富的登山家乔治·马洛里曾三次带领英国登山队攀登珠峰。1924年，他和22岁的安德鲁·欧文一起在山顶附近失踪，没人知道他们是否成功登顶。马洛里的遗体直到1999年才被发现，而欧文的遗体至今未被找到。

登顶路线

珠穆朗玛峰
峰顶
8844.43米
我的路线，从尼泊尔一侧出发，沿东南山脊登顶。
洛子峰
8516米
北
东南山脊
四号营地
7906米
死亡地带
北壁
洛子壁
西南山壁
南坳
东北山脊
北山脊
三号营地
7158米
北坳
西山脊
西库姆冰斗
西山肩
中国
尼泊尔
二号营地
6474米
绒布冰川
一号营地
6035米
昆布冰瀑
昆布冰川
大本营
5364米

珠穆朗玛峰南峰

珠穆朗玛峰南峰的海拔为8749米，比世界第二高峰乔戈里峰的海拔还要高。但它只是一座副峰，不是一座独立的山峰。

洛子峰

洛子峰海拔8516米，是世界第四高峰，通过南坳与珠穆朗玛峰相连。

贝尔的话

在发生跳伞事故以后，我决心不仅要恢复行走的能力，还要登顶珠穆朗玛峰，来证明自己可以克服每一个挑战。

准备工作

登顶珠峰可不是收集装备然后开始攀登那么简单。你的身体需要时间来慢慢适应海拔高度的增加。我们小心翼翼地规划路线，随后意识到，这次攀登不是简单地直接冲顶。为了适应高海拔，我们会先向上攀登，然后在高处扎营睡觉，体验稀薄的空气，第二天早上爬下山，给身体一个恢复的机会。我们的攀登过程将是一系列上山下山组成的危险演练，直到成功登顶。

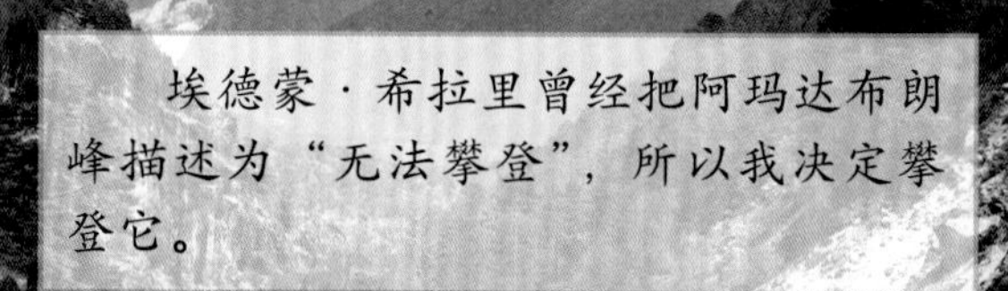

埃德蒙·希拉里曾经把阿玛达布朗峰描述为“无法攀登”，所以我决定攀登它。

阿玛达布朗峰

阿玛达布朗峰（Ama Dablam）位于尼泊尔东部，是我攀登的第一座高海拔山峰。阿玛达布朗峰海拔只有6812米，与珠穆朗玛峰相比，简直是一个小婴儿。高海拔区域稀薄的空气会引起持续的头痛，使人意识模糊。虽然我认为自己的身体状态特别好，但当爬到峰顶的时候，我已经筋疲力尽了。这次攀登抽尽了我身体的能量。站在阿玛达布朗峰的峰顶，我望向远处珠穆朗玛峰的峰顶，它的海拔比我现在的位置高出两千多米，令人望而生畏!

装备

登山是一项技术活，而不仅仅是体力运动。攀登者必须携带的设备种类繁多，除了加热装置之外，还需要食物、炉灶、帐篷、冰爪、攀岩锁、冰锤、冰锥、攀登绳、护目镜、防潮垫、睡袋、头灯（和备用电池），而最重要的是，你还要背着沉重的氧气罐。

贝尔的话

我从跳伞事故中学到的一点就是，在检查装备方面，唯一能够信赖的人就是自己。要检查，再检查。

夏尔巴人

出色的夏尔巴向导是攀登珠穆朗玛峰活动的重要参与者，这早已不是秘密。夏尔巴族群居住在喜马拉雅山的高原地区，长期的高海拔地区生活使他们即使在低氧的条件下，也仍然具有强大的身体机能，他们无疑是世界上最杰出的登山家。

许多夏尔巴人只有名字，没有姓氏。在尼泊尔的人口普查中，许多人被分配了姓氏“夏尔巴”。

大本营

到达珠峰大本营就像到达一个大型的“帐篷村”。登山者们聚集在这里，即将度过一生中最艰险的时刻，稀薄的空气里弥漫着紧张而兴奋的气氛。我们和来自世界各地的40多名登山者在一起，有新加坡人、墨西哥人、俄罗斯人、玻利维亚人等。登山者们有男性，也有女性。和我一样，大家都做好了准备，为了到达山顶甘冒一切风险。

大本营五颜六色的帐篷和风马旗，一起构成了一幅来自雪白的世界之巅的欢迎画面。

振作精神

在大本营的日子里，我们讨论登山策略，还与已经登顶回来的登山者交流。每天醒来的时候，我看着云朵在圣像般威严的峰顶散开，心里无比渴望立即出发。

贝尔的话

珠峰大本营是直升机可以安全抵达并实施应急医疗救援的最高点。海拔再升高，空气密度就会过低，直升机的旋翼无法产生足够的升力。

第一步

4月7日，我终于要去实现我的梦想了。我的同伴包括儿时的伙伴米克·克罗思韦特（Mick Crosthwaite），以及一位叫尼玛（Nima）的夏尔巴向导。我们怀着坚定的决心向上攀爬，却不知道将要面临什么。

即将向地球上最恶劣的环境进发，很难不紧张。

昆布冰瀑

我们穿上冰爪，穿越昆布冰瀑。房子大小的巨大冰块延伸向远方，静止的空气中回荡着冰川移动时发出的嘎吱声。坡度不断增大，于是我们用绳索将身体拴在一起前行。回头往下看，大本营已经是冰面上的一个小点了。现在，我的肾上腺素真的开始飙升。

穿越昆布冰瀑的最佳时间是日出之前，这是因为夜间气温最低，冰也更稳定结实，移动的可能性较低。

冰川裂缝

冰层在不断移动中，会产生数不清的巨大裂缝。裂缝深处是无边的黑暗，掉下去几乎不可能生还。夏尔巴人在裂缝上架设了铝梯，用登山绳和冰锥固定。跨越这里的唯一办法只能是一步一步小心翼翼地挪过去，不能向下看。信心是关键。

一号营地

前方就是一号营地了，我们却遇到了难题——搭在最后一道裂缝上的梯子被不断移动的冰川撕裂了。天就要黑下来了，此时要想重新找到一条路线已经来不及了。米克和我决定掉头返回大本营。经过9小时的攀登，我们精疲力竭，需要时间来恢复体力。

无论你已经跨越过多少次这种梯子，每次踩上去时，你的心还是会提到嗓子眼。

贝尔的话

心存敬畏是在这里生存的关键，要敬畏雪山，敬畏天气。如果你对安全有顾虑，果断返回，改天再来尝试。

跌落

突然，我感到大地在颤抖。随着一丝轻微的响声，一道冰缝在我双脚之间出现了，我瞬间跌进了一道隐蔽的冰裂缝里。我短暂地昏厥了过去，醒来时发现自己正挂在绳子上晃来晃去。幸运的是，尼玛和米克成功地把我拉了出来。回到大本营，我的信心破灭了，还摔碎了胳膊上的一块骨头。攀登几乎还没开始，珠穆朗玛峰就要把我吞噬了。

寂静之谷

与死神的擦肩而过打击了我的信心，但我决心不放弃。我们再次从大本营出发，奋力前进，回到昆布冰瀑。重走旧路并不容易，况且这次我们携带了更多物资。

无法呼吸

高海拔已经在发挥它的威力了。我们开始感到持续的头痛，注意力难以集中，即使面对最简单的任务也是如此。而随着海拔越来越高，我们的呼吸也越来越短促。空气非常干燥，好像要从你的嘴里吸干水分似的。很快，每个人都开始恼人地干咳，根本停不下来。终于，我们到达了一号营地，随后前往二号营地。

西库姆冰斗的英文名称“Western Cwm”中的“Cwm”，发音为“库姆”，在威尔士语中是“山谷”的意思。

二号营地

经过7个小时的艰难前行，我们到达二号营地时已经精疲力竭了。但是睡眠的时间却十分短暂——大脑想要休息，身体却在不停抽动，抗议着想要更多氧气。第二天早上，我还在浑身发抖的时候，却看到了一个壮观的场景：黎明的第一缕曙光倾泻在珠穆朗玛峰峰顶上，如此清晰地呈现在我面前，我觉得几乎可以伸出手去触摸它。这似乎是雪山给我的回报，提醒我为什么要忍受这些惩罚。

贝尔的话

皮肤长期暴露于寒冷的环境中会有冻伤的危险，皮肤会被冻结住，这种伤害是不可逆的，因此必须做好防护保暖措施。

在这种海拔高度，登山者只能和衣而卧。可以脱下外层靴子，但是内层靴子必须穿好，否则脚会冻伤。

寂静之谷

穿越冰谷的路是覆盖着冰雪的碎石坡，脚踩上去，这些碎石和冰会不停地移动。我们走三步，就会往后退两步。幸运的是，碎石很快被冻进了坚冰中，我们也能更稳地行走了。我能理解人们为什么称它为“寂静之谷”：四周的山坡既可以挡住刺骨的寒风，又吸收了噪声。真是怪诞又迷人。

冰雪里面有很多微小的气泡，因此看上去是白色的，但随着冰川中冰雪的长期相互挤压，气泡会被挤出，冰变得紧密结实，冰川就会呈现蓝色。

三号营地

我们终于到达了三号营地，爬进了夏尔巴向导两天前搭建的帐篷里。现在已经穿过西库姆冰斗了，风开始猛烈地刮，并夹杂着大雪。我们挤在一个小得几乎难以容下三个人的帐篷里，在断断续续的睡眠中辗转反侧。

洛子壁

我们到达了洛子壁的下方，眼前是一面高1500米的蓝色的陡峭冰壁，令人望而生畏。这将是一场艰难并且极度消耗体力的技术攀爬——在之后的5个小时里，我们要克服上肢和腿部肌肉持续拉伸的酸痛和肺部强烈的灼烧感。摆在我们眼前的只有令人眩晕的冰壁，但它也再次提醒我们不要低头往下看。

回到地面

第二天早晨，在完全的寂静中，我们看到了前所未有的壮观景象：整个喜马拉雅山脉在我们面前伸展开来，众多的峰顶要么和我们差不多高，要么在我们下方，除了珠穆朗玛峰峰顶，地球上没有比我们所处的位置更高的地方了。之后，伴随着身体的疼痛，我们再次返回山下——这是适应性训练的最后一步了，之后我们就将尝试冲顶。

暴风雪预警

回到大本营，我们开始为最后的登顶做准备，成败与否在此一举。此刻，我们比任何时候都期待天气良好。然而云层覆盖了山顶，这意味着此时冲顶是完全不可能的，山顶的强风会给攀登带来危险，于是我们不耐烦地等着详细的天气预报。

天气窗口

5月份会有几天，山顶天气较好，风力小，雪量少，这是适宜登顶的短暂的天气窗口。

贝尔的话

如果你不幸遭遇雪崩，要记得用手捂住口鼻，创造一个中空的气室，以免被雪掩住口鼻而窒息。

雪崩

雪崩是雪山上的头号杀手。导致雪崩的因素很多：雪量太大、冰缝开裂、狂风吹动冰雪……无论成因如何，后果往往是致命的。

争取荣耀

在大本营等待的时候，我的胸部受到感染，不得不服用抗生素。这时好消息来了，风力正在减弱，云层正在渐渐散开，大家有五天的时间向四号营地前进。当到达那里时，天气正好完全转好。但我仍然在呕吐，浑身无力，无法行动。其余的队员都出发了，我感到很烦躁，因为不能和他们一起。他们出发时，我和他们握了手，然后留了下来。

台风预警

两天以后，我的朋友们即将向三号营地进发。也就在这个时候，天气预警来了：一场台风正在逼近，几天后就会到达，上面的队伍可能会被困住。如果没有人去帮忙，他们可能会遇到危险。此时我的身体已经恢复得差不多了，所以我做好了出发的准备。如果情况变坏，我就去帮助他们；如果台风之前的稳定天气能持续足够长时间，我就准备冲顶。

高海拔处的危机

当到达二号营地的时候，我接到米克的电话——他们在离山顶只有90米的地方耗尽了氧气。峰顶的风力此时已经十分强劲，队伍无法继续往上爬。他说他们只能活10分钟了，除非找到更多氧气。听到这些，我却完全帮不上忙。后来米克摔倒了，在雪坡上滑坠了150米。奇迹出现了，他停在了一小块厚厚的积雪上，被携带了备用氧气的两名瑞典登山者和一名夏尔巴向导救下。听到米克和我的朋友尼尔·劳顿（Neil Laughton）正在下撤，虽然筋疲力尽，但所有人都还活着，我松了一口气。

贝尔的话

在高海拔地带攀登时，你每天会消耗1万—2万大卡的热量，所以高热量的食物在这里是极为必要的！

要想在世界之巅吃点热乎的食物可并不容易。夏尔巴向导巧妙地使用这种太阳能灶具来加热食物。在这里，保持食物的热度和精神的热度都是十分重要的。

登顶

之后，我独自在二号营地的帐篷里等待了好几天，希望天气能再次转好，让我能够尝试冲顶。一场台风正向我们袭来。几天以后，我们终于等到了好消息——台风改变了移动方向。我们有机会冲顶了！我深信自己能够做到。我只是期望那座山峰愿意接纳我。

希拉里台阶——通往胜利的最后一道屏障。

耐力

我们戴上了氧气面罩，越爬越高。我们现在所处的位置被称为“死亡地带”，我觉得身体真的要衰竭了。稀薄的空气灼烧着我的肺，而氧气面罩每分钟仅能流入两升空气，我大口大口地喘着气。我们继续向上推进，爬过了黄带层，那里的砂岩曾经是远古海床。队伍移动得很缓慢，爬两步，休息，爬两步，休息……我们称之为“珠穆朗玛峰曳步舞”。

站在世界之巅

当我们离开最后一处营地——位于海拔8000米处的四号营地时，天已经一片漆黑。我们彻夜攀爬，向上，再向上。最后的120米山脊就像行走在刀刃之上——中国在一侧，尼泊尔在另一侧。我犯了向下看的错误，心立刻提到了嗓子眼，十分恐惧，之后的每一步都成了惩罚，但我继续前进。最后，在1996年5月26日早上7时22分，我到达了峰顶。这样的成就已经超越了我的极限，但我依然登上了珠穆朗玛峰，超越了自己！

回到地面

我们在峰顶短暂地拍照停留，又花了片刻欣赏一下这壮观的景色，你甚至可以眺望到远处地球表面的弧线。然后，我们就赶快下山了。我们的氧气快用完了，身体也筋疲力尽，但是我们还要面对下山的危险。很多事故都发生在登顶后下山的途中，此时最容易粗心大意。我知道这绝不是自己最后一次探险，而是以后众多探险的第一次。

贝尔的话

专注对于完成任何任务都至关重要。成功登顶仅仅完成了探险的一半，安全返回才是最终的目标！

乔戈里峰 | 最致命的高峰

乔戈里峰是世界第二高峰，但却是最危险的高峰，甚至连走近乔戈里峰的旅程本身也是危险的征程。1953年登上乔戈里峰的尝试以失败告终，但是登山家皮特·舍宁在危急时刻使用止坠技术，以一己之力拯救了整个登山队的壮举，让他举世闻名，也让乔戈里峰广为人知。舍宁是如何做到的?

贝尔的话

乔戈里峰是世界第二高峰，也是最危险的高峰之一。平均每四名攀登者就有一人遇难。

徒步进入乔戈里峰地区

任何进入乔戈里峰地区的行动本身就是一种探险。常规路线（南线）是从巴基斯坦进入，一切装备的搬运都必须由当地的搬运工来完成。徒步者要走过一条仅有四轮车那么宽的山路，这条路经常被山体塌方切断。沿着这条路穿过危险的布拉尔杜峡谷（Braldu Gorge），可以到达名叫阿斯科利（Askole）的小村庄，这里是有人居住的最偏僻的地方了。这段艰苦的徒步旅程一般需要四天时间。从阿斯科利继续向山谷进发，穿过多摩达河（Dumorda River），经过三天的艰苦跋涉后，将会抵达巴尔托洛冰川（Baltoro Glacier）的冰舌部分。之后再走四天，沿着一条似乎没有尽头的布满碎石冰碛的道路，可以抵达康考迪亚（Concordia）。这条路上几乎没有像样儿的露营地，只有林立的壮观群峰。康考迪亚是一个T形的冰川交会处，在这里，徒步者才开始有机会一睹乔戈里峰的真容。从这里向北走，只需一天时间就可以到达戈德温·奥斯丁冰川（Godwin Austen Glacier）。总体来说，南线还是一条相对简单的路线——如果从中国新疆走北线接近乔戈里峰，难度更高。

当地人把耸立在巴尔托洛冰川上的加舒尔布鲁木山称为“闪耀的墙壁”，实际上这是对犹如一面巨墙的加舒尔布鲁木第四峰的别称。在照片右半部分可以看到加舒尔布鲁木第五峰、第六峰和“双子峰”。

贝尔的话

喀喇昆仑山脉中颇具特色的“jola”吊桥最初是用编织的杨树枝条建造的，现在，很多已经被钢丝绳悬索桥取代。

贝尔的话

在巴尔蒂（Balti）村庄，你可以看到依岩石台阶修筑的低矮的平顶房屋、金黄色的大麦梯田，果树林立，山羊在尘土飞扬的牧场上吃草。一个利用冰川融水灌溉的渠道网络环绕着整个村庄。

高海拔气候

在正常年份，喀喇昆仑山地区的夏季受到中亚的干旱气候影响，天气状况稳定。但在印度西南季风强大的年份，季风常会带来暴雨，乔戈里峰的天气会因为高海拔和高空强风而恶化。这个地区冬季的降雪量巨大；夏季的冰川融水使河谷和溪流水位猛涨，难以通行。在距离阿斯科利村不远处的布拉尔杜峡谷，常常有登山者因遭遇岩崩和山体滑坡而遇难。

危险征程

为了到达乔戈里峰北侧，远征队通常使用骆驼作为交通工具。他们需要穿过阿吉尔山口（Aghil Pass），再涉水通过危险的克勒青河。最后的16公里路程，登山者必须自己背上所有的物资前进，因为这段路对于牲畜来说是不可逾越的。

登顶尝试			
1902年	奥斯卡·艾肯施泰因，英国	东北山脊	海拔6500米
1909年	阿布鲁齐公爵，意大利	东南山脊（阿布鲁齐山嘴路线）	海拔6000米
1938年	查尔斯·休斯顿，美国	阿布鲁齐山嘴路线	海拔7800米

三次尝试

马丁·康韦（Martin Conway）的探险队于1892年到达乔戈里峰的山脚下；10年以后的1902年，英国人奥斯卡·艾肯施泰因（Oscar Eckenstein）的团队到达了东北山脊；1909年，来自意大利的阿布鲁齐公爵（Luigi Amedeo）带领探险队探索出阿布鲁齐山嘴路线（Abruzzi Spur），它被认为是最有可能通向顶峰的路线。显然，乔戈里峰对于那个时代的登山者来说太高太难了。在20世纪20年代，高海拔攀登的技术发展迅速。与此同时，喀喇昆仑山脉的很多人迹罕至的区域得到探索。1937年，经验丰富的登山者埃里克·希普顿（Eric Shipton）率领队伍到达乔戈里峰的北侧山脚，勘测之后否决了北侧路线。到了1938年，登山者们已经准备好再次挑战乔戈里峰了。在成功登顶之前，登山者们已经有过三次较深入的尝试。

贝尔的话

阿布鲁齐山嘴路线是以意大利贵族阿布鲁齐公爵的名字命名的，他是一位探险家和登山家。

从中国新疆境内的乔戈里冰川上拍摄的乔戈里峰北坡。

1938年的攀登

1938年，查尔斯·休斯顿（Charles Houston）率领美国登山队进入乔戈里峰地区，被认为是1939年攀登前的一次勘察。担任先锋的队员比尔·豪斯（Bill House）带领队伍爬到一处垂直缝隙，这一路段后来以他的名字命名为“豪斯裂缝”（House's Chimney）。他们在所到达的最高点——山肩下方——搭建了七号营地。休斯顿和另外一名队员又向上试探了一段后精疲力竭地返回。

1939年的攀登

1939年，美国登山者弗里茨·维斯纳（Fritz Wiessner）带领登山队和达德里·沃尔夫（Dudley Wolfe），以及一位夏尔巴向导巴桑·拉马（Pasang Lama）一起到达山肩下方的八号营地附近。他们把沃尔夫留在那里，又前往海拔8000米处搭建九号营地，之后，维斯纳和巴桑避开了“瓶颈路段”（Bottleneck），从左侧爬上了极其陡峭的岩石，继续冲顶。后来，由于给养耗尽，他们三个人下撤到七号营地进行补给，却发现由于误会，大部队已经废弃了这里。维斯纳和巴桑让沃尔夫留在七号营地，然后两个人下撤回大本营。随后，他们派出三名夏尔巴向导去营救沃尔夫，但这三名夏尔巴向导却连同沃尔夫一起消失在了茫茫雪山之中。

弗里茨·维斯纳（1900—1988）出生于德国，后来移居美国并成为美国公民。他是一名出色的登山家，有着优秀的高山攀爬纪录，但他不是一个好的团队领导者。

危险攀登

阿布鲁齐山嘴路线中最危险的部分是最后的600米。山肩之上的坡度不太大，但再往上就是覆盖着厚厚的冰层和冰塔的岩石，很难行进。此处下方的冰雪凹槽就是大名鼎鼎的“瓶颈路段”，通向暴露在岩壁上的一段横切。通过这段横切，登山者可以绕过上方巨大的冰塔，登上顶部雪原。

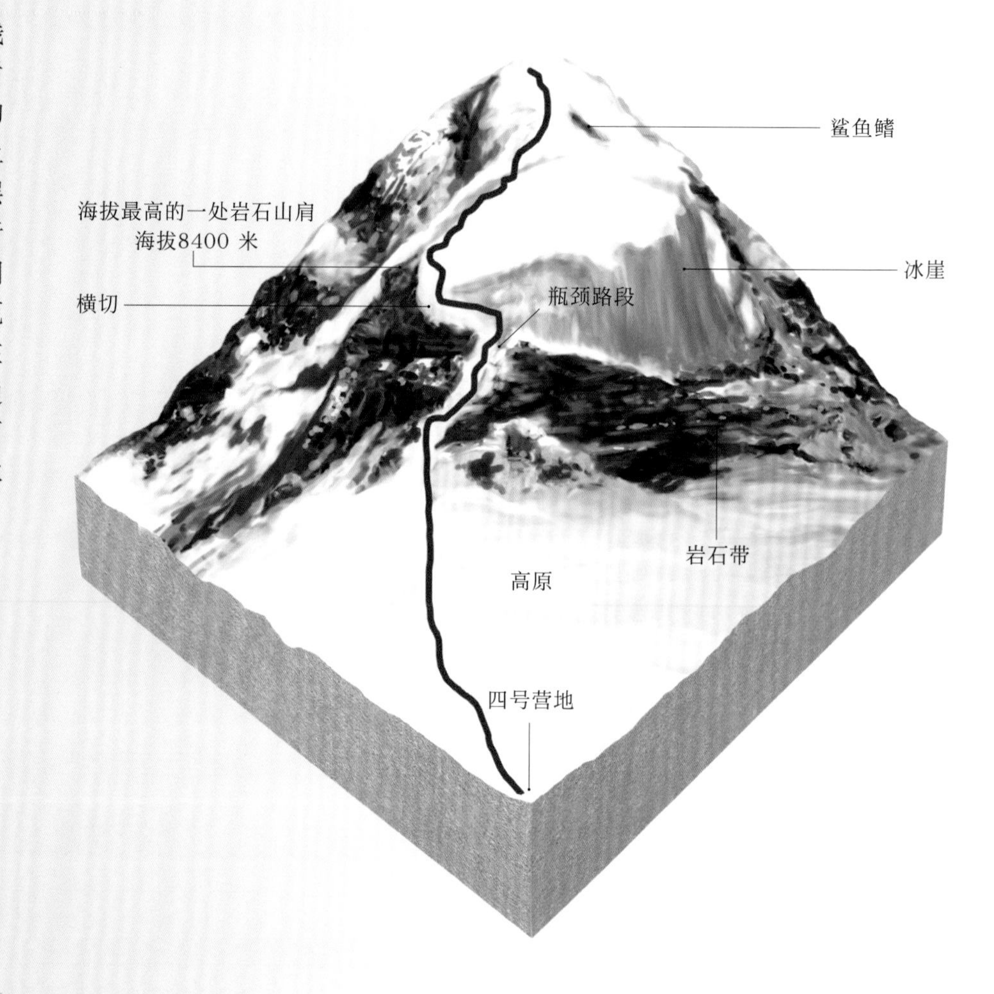

1953年的攀登

1953年，查尔斯·休斯顿带领一支强大的登山队再次向乔戈里峰进发。刚开始一切进展顺利，但队伍抵达八号营地后，遭遇了持续多日的猛烈暴风雪袭击。五天以后，队员阿尔特·吉尔基（Art Gilkey）有一条腿患了血栓性静脉炎，这在高海拔地区可是致命的疾病。八天以后，在暴风雪稍有缓解的情况下，队伍立刻向七号营地回撤，队员们用简易担架小心翼翼地抬着吉尔基。在下撤至七号营地附近的最后一处斜坡时，罗伯特·克雷格（Robert Craig）解开了绑在身上的绳索，给队伍开路。但是后面的几位队员意外发生了下坠事故，队伍靠着走在最后面的皮特·舍宁（Peter Schoening）的专业经验才保住了一命。吉尔基本来安全了，却在随后的雪崩中被卷走，失踪了。

近乎致命的滑坠

当第一名队员滑倒时，最后面的舍宁正将吉尔基的担架缓慢放下。第二名队员随即被撞倒，又撞向另外三名队员，他们全部拴在吉尔基的担架上，因此全都顺着陡峭的斜坡冲了下去。

舍宁拯救了队友们

当前面的队员陆续滑倒时，舍宁及时预判出了滑坠的发生，他允许绳索在彻底锁定之前向下滑动了一小段距离。绳索拉伸，再拉伸，最后绷紧。他先固定好了系在绳索上的担架，然后爬下来帮助其他队员。

贝尔的话

当攀登一座极具挑战性的高峰时，永远不要低估登山经验的重要性。如果没有舍宁的专业经验，整支队伍可能就此葬送。

专业技术

舍宁先将绳索绕过冰面上裸露的一块巨大砾石，然后把绳子绕过冰斧系在他的腰上，这样绳索的拉力就会迫使冰斧进一步插入冰层。

冷峻的山峰

登山探险需要一步步严谨的计划，营地越来越小，海拔却越来越高。团队合作至关重要，即使最后只有一名队员登顶，这支攀登队伍也是成功的。1954年的成功登顶，以及后来的几次，都使用了氧气罐。但是一旦一座高峰有了无氧成功登顶的纪录，后面的挑战者通常就会放弃携带氧气罐了。在高海拔地区，疾病常常会致命，因此小心地适应海拔高度的增加也很重要。

贝尔的话

胡兀鹫经常出没于冰川下方裸露的山岩上，寻找腐肉。

天使峰

这是1975年美国探险队的队员们在位于海拔5360米的萨沃亚冰川（Savoia Glacier）上的大本营进行物资分类的场景。这是15年来获准进入这一区域的第一支探险队。10名探险者尝试从西北山脊攀登，虽然只到达了海拔6700米处，但他们探索出了一条全新的路线。

乔戈里峰峰顶
8611米
瓶颈路段
山肩
西山脊路线
蘑菇伞
曲棍球棒沟壑
美国人东北
山脊路线
黑色金字塔
西南柱路线
（魔幻路线）
东南偏南山
嘴路线
豪斯裂缝
内格罗托山坳
波兰人南
壁路线
阿布鲁齐
山嘴路线
菲利皮冰川
布洛阿特峰的山坡
戈德温·奥斯丁冰川

物资的搬运

物资在大本营进行分配，一个搬运工一次搬一箱（右图）。娴熟并且专业的搬运工通常靠一条头带就能固定背上的货物，技术令人赞叹。后勤保障对于所有探险活动都至关重要，不仅要保证数百箱物资安全送达山上的营地，还要仔细安排、维持山上必需物资的持续供给。

营地烹饪

大本营（左图）的生活条件可比不上度假，但也还算舒适，有热气腾腾的食物提供以保持士气。印度麦饼（Chapattis）是搬运工的主要食物，是用粗糙的大麦粉和水制成的，面团需要大力揉捏。传统的印度麦饼是在热石板上烹饪的，不过现在通常用铁板代替。

营地搬运工

搬运工（右图）负责在营地之间运送物资。大多数搬运工是熟悉地形的当地人，并且适应高海拔的生活环境。搬运工和登山者之间相互尊重，如果没有当地搬运工的专业知识和支持，大多数探险将会失败。

乔戈里峰上的九个营地

1954年首次成功登顶的意大利登山队，沿用了1938年美国登山队第一次探索阿布鲁齐山嘴路线时选定的八处营地中的大部分。阿布鲁齐山嘴路线上适合搭建营地帐篷的平台很少，而像“豪斯裂缝”和“黑色金字塔”等路段的地形特点决定了四号至七号营地的位置。1954年由意大利登山队搭建的九号营地，给最后的近距离冲顶提供了落脚点。1979年，在沿此路线第三次成功登顶的过程中，梅斯纳尔和米夏埃尔·达谢（Michael Dacher）将他们的第三个营地搭建在通常的七号营地附近，然后从他们的第四个营地——一个海拔很高的露营点直接攀登到了峰顶，并且没有使用氧气瓶。

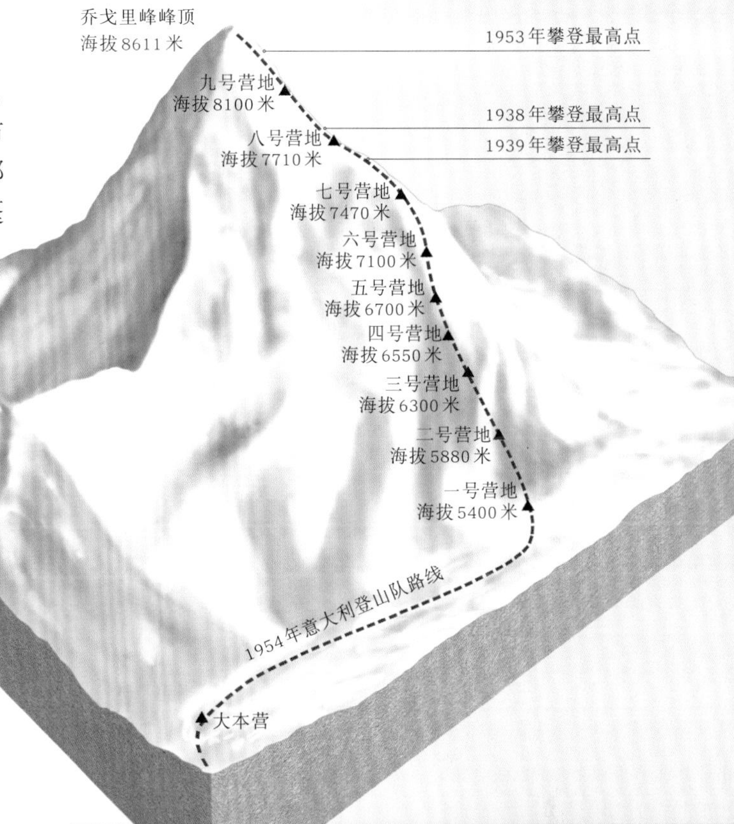

眺望乔戈里峰

康考迪亚是一个T形的冰川交会处，戈德温·奥斯丁冰川在这里汇入巴尔托洛冰川，乔戈里峰也初露芳容。右图是一名登山者在康考迪亚的营地休息，远处可以看到乔戈里峰。与雪山上的艰苦条件相比，康考迪亚的美景和舒适的条件简直是一种奢侈。大型的探险队在长途跋涉期间以及大本营的营地里，会雇用当地人担任厨师以及营地工作人员。而到了山上，登山者们就只能自己管理营地了。

1954年的首次登顶对于意大利登山队来说是一项伟大的成就。从那时起，后继登顶的登山者们也都享受了同样的兴奋感。

首次登顶

阿布鲁齐公爵于1909年进行探险之后，意大利登山者们对乔戈里峰产生了特别的兴趣。1954年7月，地质学家阿尔迪托·德西奥（Ardito Desio）带领一支庞大的得到政府支持的探险队，包括11名登山队员、4名科学家、1名医生和1名电影制作人，计划携带氧气瓶攀登乔戈里峰——此前都是无氧攀登。每套氧气设备重约18千克，因此他们雇用了大约700名搬运工来运输装备。经过两周的攀登，他们终于在“豪斯裂缝”下方搭建了四号营地。但由于持续的恶劣天气，队员马利奥·普卓兹（Mario Puchoz）不幸死于肺水肿，导致队伍士气下降。德西奥本人并不是登山运动员，他向前锋发送了一条消息，告诉他们意大利登山队的荣誉受到了威胁。探险队继续攀登，六周后，登山队员阿基莱·孔帕尼奥尼（Achille Compagnoni）和利诺·莱斯德利（Lino Lacedelli）终于在海拔7740米的山肩位置下方搭建好了八号营地。他们得到了队员瓦尔特·博纳蒂（Walter Bonatti）和皮诺·加洛蒂（Pino Gallotti）的大力支持，其中博纳蒂是最年轻但最具天赋的登山者。所有人都筋疲力尽了。

乔戈里峰壮观的南坡，从戈德温·奥斯丁冰川向上延伸约3500米。

艰难登顶

当孔帕尼奥尼和莱斯德利搭建九号营地的时候，博纳蒂和罕萨人搬运工马赫迪（Mahdi）负责从下面给他们搬运备用氧气。但是由于九号营地搭建的位置比预计的要高，博纳蒂和马赫迪无法在夜幕降临之前到达，他们二人不得不在海拔8000米的恶劣环境中露宿。第二天早上，博纳蒂和马赫迪选择下撤，马赫迪严重冻伤。孔帕尼奥尼和莱斯德利则爬下来寻找被丢下的氧气装备，然后爬上“瓶颈路段”旁边的岩石，越过横切，最终登顶。

一名登山者在从一号营地前往二号营地途中攀登一段颇为棘手的雪岭。这个地方的景色十分壮观。

贝尔的话

如果雪桥坍塌，登山者会掉进冰隙中。冰隙深不可测。

险象环生的雪山

在雪山上，危险一直存在，连最专业的登山者也无法避免。由登山者本身疏忽大意造成的意外跌落很少，主要危险还是来自自然。杀手之一是暴风雪，尤其是在乔戈里峰上，会导致去往营地的路被切断。其次，在高海拔地区，肺水肿、静脉炎等许多致命疾病无法得到及时医治，登山者身心状况会迅速恶化。再次，雪崩的威胁始终存在，不仅有危险的不稳定的新雪，还有以突发和恐怖著称的喀喇昆仑山脉的冰崩。冰雪一直在缓慢向下移动，巨大的冰塔积聚了所有的压力后突然崩溃，形成的雪崩横扫一切。登山者脚下可能还有隐蔽的雪桥，肉眼几乎无法察觉，但它崩塌时会将登山者送进黑暗的深渊。

如果绳索能够成功下降到坠落者所在的位置而且坠落者没有严重受伤的话，他们就可以爬回冰面上来。使用这样的救援技术通常需要借助上升器或者普鲁士抓结，它们能够顺着绳索向上滑动，并且反向锁死，阻止下坠。

严肃挑战

在登山者眼中，世界上14座海拔8000米以上的高峰中，乔戈里峰的景色最美，攀爬难度最大，并且无疑是最危险的。攀登者不仅要有强大的攀登技术，还要对高海拔有良好的适应能力，才能向乔戈里峰的顶峰发起挑战。然而，7000米以上的海拔不允许登山者们等待好天气，在海拔8000米以上遭遇暴风雪就要为生存而战了。登顶后下撤的过程也特别危险，此时肾上腺素已经耗尽，感官由于极度疲劳而变得迟钝，逐渐变浓的暮色也给寻找路线带来困难。

站在戈德温·奥斯丁冰川眺望被暴风雪吞噬的乔戈里峰。

起初，有人说，攀登乔戈里峰的女人会遭受厄运，其实高海拔攀登向来是最危险的运动。截至2008年登山季结束，共有302人登顶乔戈里峰，其中31人在下撤途中遇难。

登顶乔戈里峰的女性		
1986年	万达·鲁特凯维奇，波兰	后在干城章嘉峰失踪
1986年	利莉亚娜·巴哈德（Liliane Barrard），法国	下撤途中遇难
1986年	朱莉·塔利斯（Julie Tullis），英国	下撤途中遭遇暴风雪遇难
1992年	尚特尔·莫迪特（Chantel Maudit），法国	后在道拉吉里峰遇难
1992年	艾莉森·哈格里夫斯（Alison Hargreaves），英国	下撤途中遭遇暴风雪遇难
2004年	埃杜尔纳·帕萨班（Edurne Pasaban），西班牙	
2006年	尼韦斯·梅罗伊（Nives Meroi），意大利	
2006年	小松由佳，日本	
2007年	吴银善，韩国	
2008年	塞西莉·斯科格（Cecilie Skog），挪威	

贝尔的话

万达·鲁特凯维奇是她那个时代最杰出的女登山家。她于1986年登顶乔戈里峰，并且安全下撤回到大本营。那一年，乔戈里峰共有13名登山者在下撤途中丧命。

迪纳利山 | 北极圈旁的“天堂的窗口”

迪纳利山从冰原上拔地而起，居高临下地俯视着环绕它的群山。它靠近北极圈，冰雪遍布，空气稀薄，雪崩频发，风暴总是突如其来。要攀登迪纳利山，先要滑雪穿越布满裂缝的冰川荒野。这样的艰难险阻，让一支登山队放弃了自己的名誉，谎称自己征服了迪纳利山。是谁第一次真正地登上了迪纳利山？迪纳利山的南峰和北峰，哪个更难攀登？

这是位于阿拉斯加的迪纳利山的卫星照片。

贝尔的话

作为北美洲的最高峰，迪纳利山是七大洲最高峰中的一座，只有最勇敢的登山家才敢挑战它。

最雄伟的山

迪纳利山名字的意思是“最雄伟的山”。但在1896年，它被改名为“麦金利山”，以支持当时的美国总统候选人——后来的美国第25任总统威廉·麦金利（William Mckinley）。直到2015年，其官方称呼才改回了原本的名字。迪纳利山是一座由多个山脊、支脉和冰川组成的巨大山体，隆起两座山峰，相比之下，阿拉斯加山脉的其他山峰都成了小矮子。它被夹在温暖湿润的太平洋和寒冷的阿拉斯加内陆中间，距离北极圈仅240千米，气候条件如地狱般恶劣。攀登迪纳利山的很多早期尝试都以失败告终。1906年，曾有一支登山队宣称他们登顶了，但后来却发现这只是一个大骗局。1910年，一支六人登山队爬上了北峰，但直到1913年才有来自育空的教会执事赫德森·斯塔克（Hudson Stuck）带领三名队员爬上了南峰——比北峰高259米。在1951年之前，只有极少数的登山者能够经由马尔德罗冰川，从迪纳利山东北方爬上巅峰。

贝尔的话

罗伯特·塔特姆（Robert Tatum）是第一批爬上迪纳利山的人之一，他曾说：“从迪纳利山上往下看，那景色就犹如从天堂的窗口往外看一般！”

一位女性登山家正在接近迪纳利山的顶峰。迪纳利山是北美第一高峰，海拔足有6194米！

从这幅图中可以清楚地看到迪纳利山的南北双峰。这是在东北部靠近波丽克罗姆山（Polychrome Mountain）的阿拉斯加八号公路（即迪纳利高速）上拍摄的。

通向顶峰

一名登山者慢慢爬上了高达4800米的西支墩。这条路是绝大多数登山队都会选择的常规路线。他身后远处矗立的高峰就是阿拉斯加山脉中的第二高峰——福雷克山。

危险的裂缝

即使是平坦的冰川，也会有很深且很隐蔽的裂缝。聪明的登山者会用绳索把两个人拴在一起，这样，即使他们中的一个跌入裂缝，也有机会爬出来。

冰川高速

除非遇到特别紧急的状况，否则直升机被禁止在迪纳利山周围的冰川荒野上降落，因此，登山者必须一路滑雪穿过布满裂缝的冰川到达山脚下。图中的这位登山者用一种制作简易、十分轻便的雪橇拖着自己的装备，正从马尔德罗冰川上下来。

迪纳利山的位置

作为长达644千米的阿拉斯加山脉的最高峰，迪纳利山位于迪纳利国家公园的中心地带，距离阿拉斯加州的首府安克雷奇210千米。

北美洲最高峰

迪纳利山的山峰俯视着它周围的群山，其气势并不亚于珠穆朗玛峰，而且它的位置十分靠近北极圈，这又加剧了其高海拔效应——冰雪遍布，常有突如其来的风暴，空气稀薄，雪崩频发。通往这座山峰峰顶的路线有十几条，条条都充满了挑战，这吸引全世界最棒的登山家纷纷前来。这些路线中最著名的当属位于山峰南面的卡辛短山脊路线，1961年，一支意大利登山队第一次通过这条路线登顶。这支队伍为登顶花了23天的时间，一路上建立了许多个营地。迪纳利国家公园中有针对进入山区和登山的严格的管理规定，攀登之前必须获得登山许可。

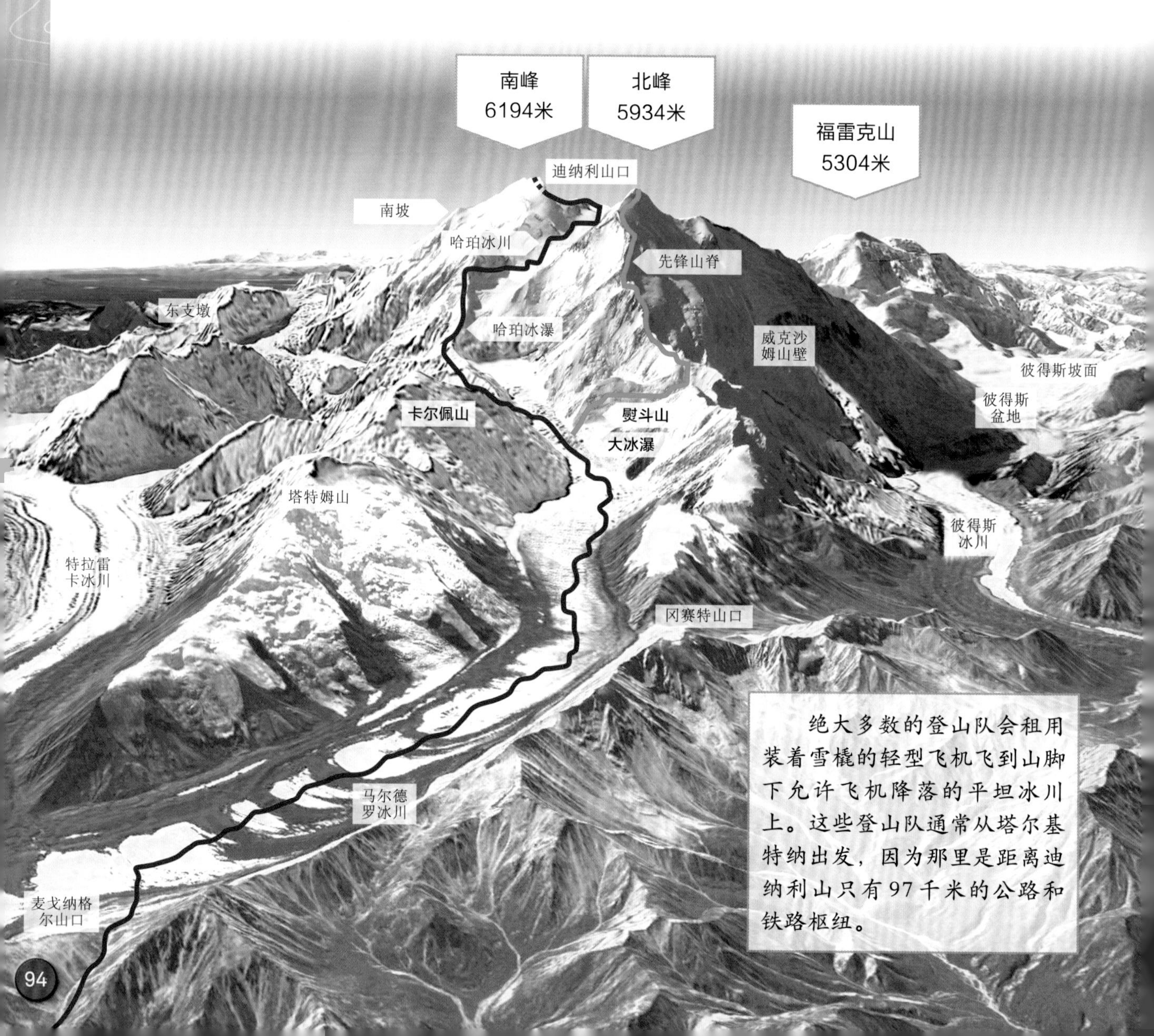

贝尔的话

在地面上筑巢的柳雷鸟是阿拉斯加州的州鸟。夏季时，柳雷鸟带有斑点的羽毛为它提供了绝佳的伪装。而冬天时这身羽毛又会变成白色，可以让它们在雪地里活动时不被发现。

这是黎明时分迪纳利山东北方的航拍照片。第一支登顶的队伍就是经卡斯滕斯山脊到达位于南北峰之间的哈珀冰川的。

冰水融化形成的小溪

迪纳利山周围有五个大冰川，其中最长的卡希尔特纳冰川长达74千米，从高处一直绵延到海拔只有600米的地方。在其海拔较低的地方，冰融化成了水，形成一条条小溪。

爬上顶峰

想要登顶迪纳利山，需要付出很大的努力。尽管如此，每年还是会有好几百人从西支墩路线进行攀爬，其中很多还是由向导带领的队伍。由于一路都是在雪地里前进，所以非技术攀登通常要准备五个营地。从爬上山峰到返回营地，这一路上可不是毫无危险的，尤其是在恶劣的天气里。对于一支由向导带领的队伍而言，一趟行程大概要20天的时间，而有经验且适应环境的登山者则只要10天就可以了。而邻近的西侧短山脊因为路线更直，也更需要技术，所以更受能力较强的登山者欢迎。南壁的路径则更长，也更加艰险，是名副其实的探险路线。

马特峰 | 每个人都能认出的山峰

马特峰可能是摄影师们最喜欢拍摄的山峰。锥形的山体、四面山坡、四条主要的山脊让马特峰的攀登充满了各种可能性。插画家怀伯尔率领六名队员完成了马特峰的首次登顶，却在下山时发生事故，四名队员坠入山谷，酿成了登山史上最常被人探讨、最有争议的一场悲剧。当时发生了什么？把队员们拴在一起的救命绳索是被割断了吗？

贝尔的话

马特峰的四面山壁正好面对着东、西、南、北四个方向。

这张马特峰的照片，是在初夏时节从瑞士的里弗尔伯格拍摄的。里弗尔伯格是观赏马特峰的最佳地点，从采尔马特前往这里非常方便。图中山峰的左右两面山壁分别是马特峰的东面和北面。

一座岩石山峰

马特峰的意大利语名称是“Monte Cervino”，它是一类山峰的典型代表，这类山峰千百万年来一直受各个方向的冰川的剧烈侵蚀，这种形成原因相同、形状类似的山峰都会被归为马特峰型山峰。很多人都知道马特峰这个名字，都能够认出它独特的形状。海拔4478米的马特峰，只是阿尔卑斯山脉中的第十二高峰，但是由于它远离其他山峰，几乎完全独立，所以凡是看到它的人都会浮想联翩，这令它长久以来都是摄影师很乐于拍摄的对象。马特峰南、北两个方向都有狭窄、细长的山谷，可以一路通到马特峰的山脚下的采尔马特和布勒伊切尔维尼亚，这两个城市都是滑雪胜地。自罗马时代开始，便有一条长达3300米的特奥杜洛走廊（Theodule Pass）将这两条山谷连在了一起。在夏季，对于习惯穿越冰川地带的徒步旅行者而言，这条走廊是一条最近便的道路；而到了冬天，由于可以给滑雪者提供升降缆车，所以它便成了滑雪者们去观赏国境线对面风景的常规路线。

马特峰是一座高大、独立的山，位于阿尔卑斯山脉中的彭尼内山的东端。彭尼内山中一连串的山峰构成了瑞士和意大利的一部分分界线。

糟糕的天气

山里的天气总是变化无常的，更何况彭尼内山又是欧洲地区的一条气候分界线，将温暖的意大利、地中海气候区与瑞士的群山和冰川完全分隔开来。在这个地区，暖气团与冷气团、湿润的气流与干燥的气流不断交锋。马特峰犹如一颗孤零零的牙齿，恰好横跨在这条分界线上，因此常常会发生山顶电闪雷鸣而山脚下的采尔马特阳光灿烂的现象。闪电是一种非常危险的放电现象，冰镐或其他金属工具发出嗡鸣声，就预示着闪电要来了。因此，一旦发现闪电即将来临，最好暂时将金属物品都丢开，赶紧躲到突出的山体或岩石底下去避一避。

爱德华·怀伯尔

1860年，爱德华·怀伯尔（Edward Whymper）第一次来到了采尔马特，从此便对登山产生了强烈的兴趣。当时还从未有人登上过马特峰，因此怀伯尔便把登上马特峰作为他努力的目标。除此之外，他也在西阿尔卑斯山地区完成了多次举世瞩目的登顶壮举。1865年，他又开始到其他地区去探险和攀登。格陵兰岛、落基山脉和安第斯山脉的很多山峰是由怀伯尔第一个登顶的。他于1911年去世。

怀伯尔在登上马特峰前的几次尝试

日期	高度	路线
1861年8月29日至30日	3856米	西南山脊
1862年7月7日至8日	3658米	西南山脊
1862年7月9日至10日	3980米	西南山脊
1862年7月18日至19日	4084米	西南山脊
1862年7月23日至24日	4008米	西南山脊
1862年7月25日至26日	4103米	西南山脊
1863年8月10日至11日	4068米	西南山脊
1865年6月21日	3414米	东坡

险恶的条件

在大风暴中，即使是职业登山家也会有生命危险。这类风暴的发生是非常突然的，短时间内环境条件会变得非常致命。右图拍摄的就是马特峰南坡的一场暴风雪。

怀伯尔曾用插画描绘了他于1862年7月19日尝试攀登马特峰时，从狮头山（西南山脊方向）下山途中遭遇的一次落石。所幸他并未受重伤。

贝尔的话

怀伯尔原是一位天才画家，他第一次前往阿尔卑斯山是带着为朗文出版社画画的任务去的。1865年之后，他创作了不少关于他自己的图文并茂的书。

为了纪念怀伯尔成功登上马特峰五十周年而举办的活动，亮灯的地方标示出了怀伯尔团队攀登的路线。

马特峰那引人注目的锥状的山峰被朝阳照亮了。这张照片显示了马特峰对附近地区地貌的绝对主宰。马特峰陡峭的岩石山脊，对登山者而言，是无法抵挡的巨大诱惑。

顶峰

直到1865年，马特峰仍然尚未有人登顶，来自英国的业余登山爱好者以及当地的意大利向导已经竞争了多年，想要成为第一个登上马特峰的人，其中的佼佼者是来自英国的爱德华·怀伯尔和来自意大利布勒伊切尔维尼亚的让-安托万·卡雷尔（Jean-Antoine Carrel）。西南山脊路线的攀登难度似乎是最低的，所以在首次登顶前，在西南山脊已经有十一次攀登尝试。但首次登顶采用的是东北山脊路线。跟怀伯尔一起攀登的队员有查尔斯·赫德森（Charles Hudson）、道格拉斯·哈多（Douglas Hadow）和弗朗西斯·道格拉斯（Francis Douglas），以及他们各自的向导。1865年7月14日，他们终于登上了顶峰。下山的时候，他们遇到了可怕的事故，这次事故成为登山史上最常被人探讨、最有争议的一个事件。人们常常会指责拴在他们身上连接彼此的救命绳索被割断了，但其实那条绳索是磨损的备用绳索，被队员们误用作主绳。

致命的下坠

致命的事故发生在山肩上方伸出来的一个平台上，那里分布着一串岩阶，之间只隔了几步的距离，上面被白雪覆盖着。他们的下山之路走得十分小心，克罗（Michel Croz）领头，跟着他的是哈多，后面是赫德森和道格拉斯，后面跟着另外两位向导——他们都姓陶沃尔德（Taugwalder），最后由怀伯尔压阵。这一队人都用绳索拴在了一起，但用的却不是现代的那种绳结。情况似乎是这样的：哈多先滑倒了，克罗想要帮他，反而被拽了下去，绳索拉紧后，赫德森和道格拉斯也接连被拉倒了，剩下的怀伯尔和两位向导正鼓起劲来想要拉起同伴时，道格拉斯后面的绳子却断了，队伍前面的四个人都不幸跌进了北壁一侧的山谷里。

采尔马特教堂附近的一座纪念牌上写着这支登山队七名队员的名字。

多条登顶之路

马特峰是最后一座被人登顶的阿尔卑斯山脉的高峰，它被登顶结束了阿尔卑斯登山的黄金时代（1854—1865）。探险家们开始另辟蹊径，寻找更加有难度的攀登路线，这段时期被称为“白银时代”，一直持续到了20世纪。那个阶段的登山家总会带着向导上山，他们请的向导往往是那些熟悉山势的当地农民。最优秀的向导们很快便组成了一个技术高超的精英团体，他们与自己的雇主之间发展出同事般的合作关系，并成为一种他们引以为豪的传统。但到了20世纪，由于不带向导的自行攀登成为常态，这一传统便日渐消失了，向导渐渐由值得尊敬的合作者变成了付费领队。直到今日，每个登山季都有几百个身体强壮但却缺乏经验的登山者在付费领队的引领下，登上马特峰。

这是从琪纳尔洛特峰（Zinalrothorn）朝南拍摄的马特峰周边的几座山在晨光中的照片。马特峰十分骄傲地矗立在照片的左侧。

贝尔的话

怀伯尔的向导卡雷尔就是阿尔卑斯山当地向导。他们身体强壮，富有经验，技术娴熟。

阿尔卑斯山的向导

在绝大部分阿尔卑斯山的登山中心里，会有当地的执照齐全且资历深厚的向导。在阿尔卑斯山区域的几个国家，业余登山者都会参加国际登山向导的资格测试。另外，也有资质优异的来自其他地区的专家级向导，以英国人居多。如今大部分登山向导会在冬季时当滑雪教练或雪橇旅行的导游来增加收入。

女性登山家

几乎是从最开始的时候，就有一些女性参与了艰苦的阿尔卑斯山攀登活动。1871年，露西·沃克（Lucy Walker）成为首位登上马特峰的女性。几天之后，梅塔·布雷武特（Meta Brevoort）也登上了马特峰。而她们俩只是19世纪后期众多很有本领的女登山家中的两位。虽然她们明知很多没有参加过登山运动的人很不赞成她们的行为，但她们还是在离开山下村庄的时候脱掉裙子，换上方便攀登的马裤，爬向峰顶。

对那些身体强壮却缺乏登山技术的新手而言，他们可以从专业向导那里学到很多。但是，即使是一次由老练的登山家组织的计划十分周密的登山行动，依然可能会遇上事故。雪地犬是一种擅长搜寻被埋在雪下的人类的狗。

多萝西·皮利

作为一名优秀的登山家，多萝西·皮利（Dorothy Pilley）于1928年成为从令人生畏的布朗什峰北坡登顶的第一人。

安妮·佩克

美国女登山家安妮·佩克（Annie Peck）登上过阿尔卑斯山脉和安第斯山脉的众多山峰。1902年，她协助组建了美国登山俱乐部。

许多的山脊和山坡

经由东北山脊路线和西南山脊路线的登顶成功后，1879年，富于挑战性的西北山脊路线和艰险难行的西坡路线都被成功开辟出来。而东坡和地形复杂的南坡则十分危险，因为常会有碎石和大石滚落。20世纪30年代早期，意大利登山队通过南坡和东坡成功登顶，但如今却鲜有人肯攀爬这两条路线了。东南山脊的明显标志是三处陡峭险峻的山锥，这条路线最后一处悬崖直到1941年才有人爬了上去。

贝尔的话

了解阿尔卑斯山的人都对旱獭那富有警示性的尖叫声十分熟悉。旱獭居住在雪线以下的洞穴里。

寻找一条路线

攀登马特峰的常规路线是东北山脊路线，每到夏天便有许多人在登山向导的带领下通过这条路线登上马特峰。相比之下，寒冷荒凉的北坡对登山家们始终是个挑战，只有最有经验的人才敢尝试这条路线。

西北山脊路线也是一条经典的登顶路线。艾伯特·马默里（Albert Mummery）和亚历山大·比尔格纳（Alexander Burgener）于1879年开辟了这条登顶路线。这次登顶被认为是马特峰的登顶中最棒的一次。至于马特峰的西坡，由于岩石滚落带来巨大的危险，几乎没有人去攀爬。

左图就是采尔马特。它位于长长的马特峡谷的起点，曾经是一个简朴的山村，但现在却已是一个世界级的豪华度假胜地了，也是这片十分壮丽的滑雪区的中心，只能乘坐火车抵达。

贝尔的话

第一个登山者营地是1868年由瑞士登山俱乐部和采尔马特的一位旅馆老板一起建立的。这个营地建在海拔3818米处的山脊上，也就是1865年时怀伯尔的队伍露营的地方。1880年，这个营地被拆掉了。

落石

和其他山峰一样，马特峰处在持续风化中，每年都会有上千吨的岩石滚落下来。2003年，大量岩石雪崩式滚落，导致90多名登山者被困在了东北山脊上，他们最终只能依靠直升机撤离。

攀登马特峰时，常规路线是从海拔3260米处的东北山脊赫恩利营地出发。赫恩利营地建于1880年，现在包含一处简易的旅舍。在阿尔卑斯山中，约有2000多个登山者营地。

图为马特峰的东峰（意大利一侧）上的登山者。从东峰沿着狭窄的山脊走上80米，就可到达属于瑞士的西峰，比东峰仅高1米。

更多的挑战

开辟一条没有人涉足过的新的登顶路线，或是登上一座从没有人登顶的山峰，就会赢得特别多的赞誉和祝贺，这份收获自然也是登山竞赛的吸引力之一。第一次登顶的难度往往是最大的，但是一旦这条路线被人反复走过了，关于攀登的种种详细情况也都在导游手册里讲清楚了，那些爱冒险的登山家就会去寻找更富有挑战性的新路线。马特峰的情况即是如此。就在怀伯尔从东北山脊登顶的三天之后，便有人从更有难度的西南山脊登顶了。1879年，又有人从更加艰险的西北山脊登顶。不过直到1911年，才有人从情况最糟的东南山脊登顶。至于令人望而生畏的北坡，更是一项艰巨的任务，只能等新一代登山家们带着更先进的装备来挑战它了。在弗朗茨·施密德（Franz Schmid）与托尼·施密德（Toni Schmid）之前，前来挑战北坡的人都以失败告终。对其他登山者而言，施密德兄弟是无名之辈，而且他们俩竟然是一路骑自行车从慕尼黑来到采尔马特的！

1931年，弗朗茨·施密德与托尼·施密德，这对来自慕尼黑的兄弟第一次来到阿尔卑斯山区。他们俩竟只设置了一个宿营地便沿马特峰北坡登顶了。15年中，这种登顶方式只被重复了两回。

登山俱乐部

最初的登山俱乐部于1857年在伦敦成立。俱乐部成员必须是有经验的登山者。俱乐部还吸纳了来自各国的优秀登山家。国家级的登山俱乐部多成立于19世纪：奥地利的成立于1862年，瑞士和意大利的成立于1863年，法国的则成立于1874年。这些俱乐部拥有绝大多数的阿尔卑斯山区的营地的产权，成员们可以享受俱乐部之间的互惠权利。

在北半球，典型的高峰北坡都不见阳光，十分险峻，冰雪密布，这些特点同样可以在阿尔卑斯山的北坡找到。因此，北坡往往是一座山峰最后一条被开发出来的登顶路线。直到20世纪20年代中期，才开始有优秀的登山者尝试攀登北坡。与其他山峰的北坡相比，马特峰北坡的攀登难度毫不逊色，它的岩架常年覆盖着冰雪，很多登山家都因此将它列为征服的目标，但不少经由北坡登顶的尝试都以失败告终。

装备和技术

登山设备、服装和登山技术都是逐渐进步的。麻绳在保障安全方面十分有用，但如果遇到跌落，麻绳就没办法保护登山者的生命了。在攀登冰崖时，还要刨出台阶。在20世纪早期，阿尔卑斯山东部的攀岩运动催生出创新的绳索应用技术和岩钉、主锁等全新工具，并迅速被运用到登山运动中。在20世纪40年代末期，第一次出现了尼龙绳索，这是登山运动的一次革命性发展。到了20世纪六七十年代，苏格兰的登山者们开始使用现代冰上工具。

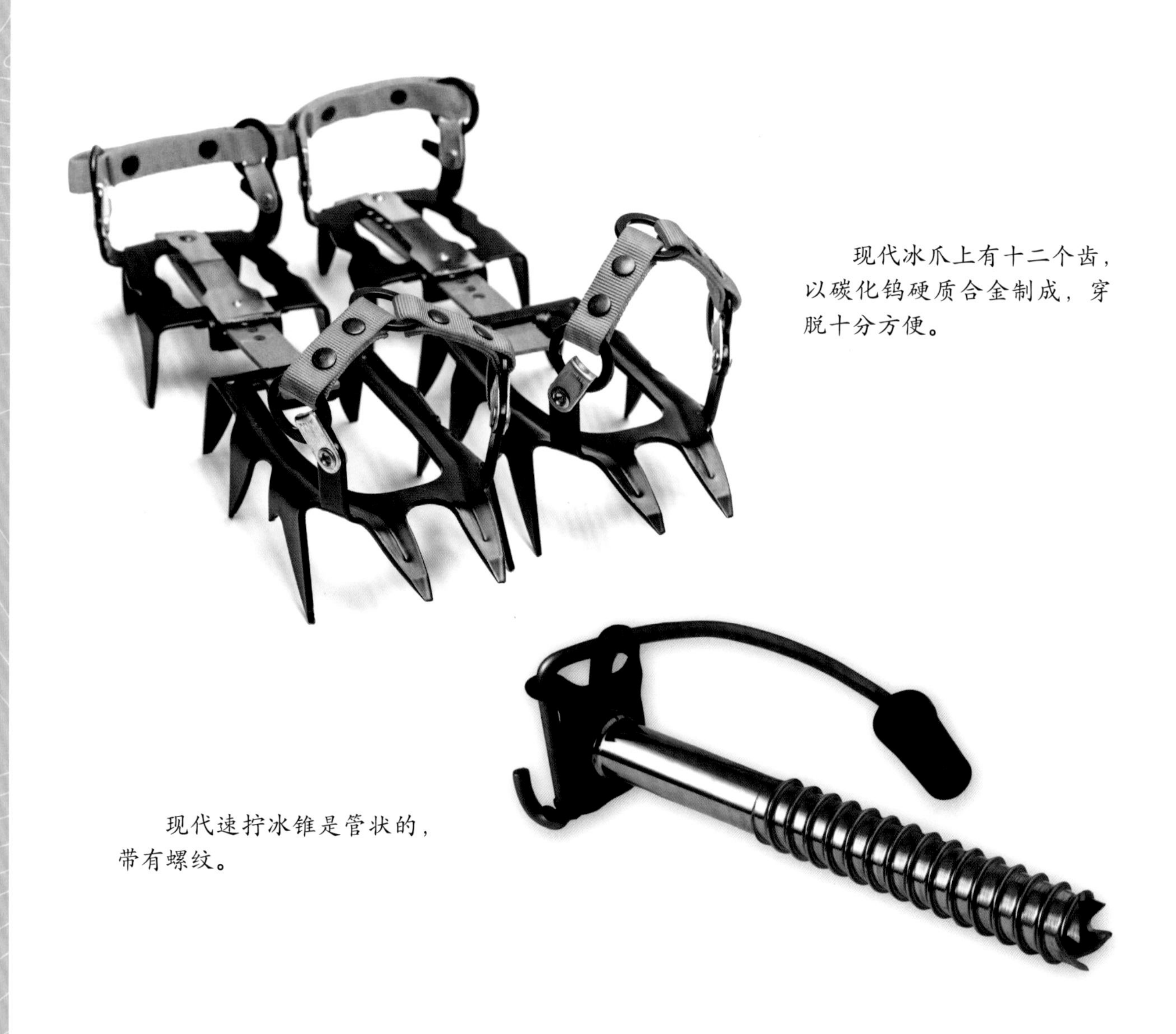

现代冰爪上有十二个齿，以碳化钨硬质合金制成，穿脱十分方便。

现代速拧冰锥是管状的，带有螺纹。

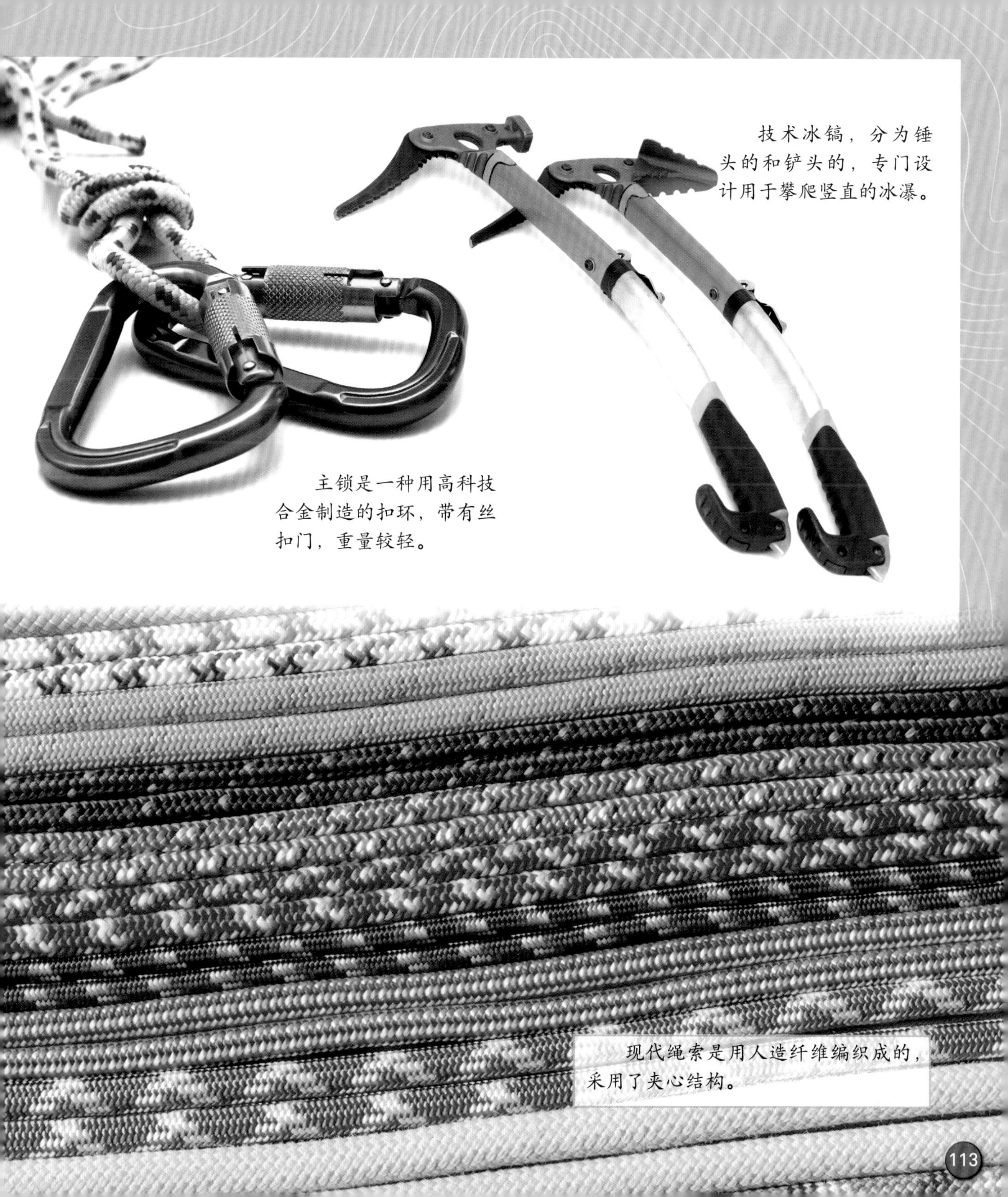

技术冰镐，分为锤头的和铲头的，专门设计用于攀爬竖直的冰瀑。

主锁是一种用高科技合金制造的扣环，带有丝扣门，重量较轻。

现代绳索是用人造纤维编织成的，采用了夹心结构。

图片来源

1 Daniel Prudek; 2 GettyImages; 3t GettyImages, b GettyImages; 5 Intrepix; 6t Gasper Janos, c THPStock, b GettyImages; 7t Punnawit Suwattananun, c Richard Lowithian, b Kevin Lings; 10 Miguel Sotomayor; 13tl Mikadun, r Boris-B, bl Deatonphotos, b Creative Travel Projects; 15tl makasana photo, tr Andrew Mayovskyy, bl Wolfgang Kaehler, br AFP; 16 Mikadun; 17l Imagno; 18 Simon Dannhauer; 19l Ullstein Bild, r Jstagg_Photography; 20 Mikadun; 21bl Silver Screen Collection, br Sunset Boulevard; 24 Naeblys; 27t Max Lowe, l Daniel Prudek, cl Peter Zaharov, cr MMPOP, b THPStock; 28t RICHARDS Tap/Mallory-Irvine, tr Stringer; 29t Dave Hahn/Mallory-Irvine, b Jim Fagiolo/Mallory-Irvine; 30l James Burke, r Keystone-France; 31t Keystone-Stringer, l George W. Hales, r Universal History Archive; 32 AFP; 33l Daniel Prudek, r kaetana; 34 Daniel Prudek, b Colin Monteath/Hedgehog House/Minden Pictures; 36l Andrew Bardon, r Barry C. Bishop; 37l Daniel Prudek, r Barry C. Bishop; 38l Bradley Jackson, r Colin Monteath/Hedgehog House/Minden Pictures; 39l Arron Huey, r Blazej Lyjak; 40l Kondoruk, r mamahoohooba; 41l Meiqianbao, r Colin Monteath/Hedgehog House/Minden Pictures, c Daniel Prudek; 42t TonelloPhotography, b Ullstein Bild; 43 Keystone-Stringer; 44t lunatic67, r Stringer; 45t Andrew Bardon, b Galyna Andrushko; 49 Daniel Prudek; 50bl SaveJungle, br Vadim Petrakov, t Moroz Nataliya; 51 gagarych; 52 Naeblys; 53t straga, b Daniel Prudek; 54t Kiwisoul, r Daniel Prudek; 55l Alex Brylov, r Kingcraft, b Zzvet; 56t my-summit, b Meiquianbao; 57t Vadim Petrakov, b Neil Laughton; 58l Daniel Prudek, r Ursula Perreten; 59r Maciej Bledowski, b Neil Laughton; 60 Vadim Petrakov; 61r Daniel Prudek; 62t Mavrick, b Daniel Prudek; 63l Galyna Andrushko, r SAPhotog; 64 Arsgera; 65l Vixit, r NASA Images, b Evgeny Subbotsky; 67t Neil Laughton, b Neil Laughton; 70 Naeblys; 72t DEA/BERSEZIO; 73t Marji Lang, l Punnawit Suwattananun, b Ralf Dujmotivs; 74 Ralf Dujmotivs; 75t Print Collector, r Colin Monteath/Hedgehog House/Minden Pictures; 78r Sainam51, b Mountain Light Photography; 80t Mountain Light Photography, l Mountain Light Photography, b Mountain Light Photography; 81b Zahid Ali Khan; 82 Bettmann; 83t Piotr Snigorski, b Tommy Heinrich; 84t Tommy Heinrich, b Jean Bernard Vernier; 85 Colin Monteath/Hedgehog House/Minden Pictures; 88 Stocktrek Images; 90 Mint Images-David Schultz; 91l Terry W Ryder, r Melissa McManus; 92t Colin Monteath/Hedgehog House/Minden Pictures, b Alasdair Turner; 93t Menno Boermans; 95t Historical, l Warren Metcalf, cl FloridaStock, b Christian Kober; 98c shutterstock, l Lost Horizon Images; 100t Ingolf Pompe/LOOK-foto; 101b Roberto Moiola; 102l De Agostini Picture Library, r Erick Margarita Images; 103t Historical Picture Archive, b FABRICE COFFRINI; 104 Andrew Mayovskyy; 105l Historical Picture Archive, r FABRICE COFFRINI; 106br DEA/G. CARFAGNA, b Simun Ascic; 107t John van Hasselt-Corbis, l Philartphace, bl General Photographic Agency, br Bettmann; 108b Bildagentur Zoonar GmbH; 109tr mountainpix, tl Lee Yiu Tung, bl Oliver Foerstner, br Christian Kober; 110t John van Hasselt-Corbis; 110l Ullstein Bild, r UniversalImagesGroup, b lumen-digital; 112t frantic00, b lostbear; 113tl swinner, tr Marek CECH, b gubernat. Front cover t Taras Kushnir, c Mikadun, b Daniel Prudek; Spine t rdonar, c Susia, b Tomas Laburda; Back cover t Bear Grylls Ventures, b Sebastien Coell.

桂图登字：20−2016−331

图书在版编目（CIP）数据

去攀登 / (英) 贝尔・格里尔斯著 ; 高天航译 . — 南宁 : 接力出版社 , 2019.7
(贝尔探险智慧书)
ISBN 978-7-5448-6060-4

Ⅰ. ①去…　Ⅱ. ①贝… ②高…　Ⅲ. ①探险—世界—少儿读物　Ⅳ. ① N81-49

中国版本图书馆 CIP 数据核字（2019）第 060851 号

责任编辑：杜建刚　朱丽丽　　美术编辑：林奕薇　　封面设计：林奕薇
责任校对：杜伟娜　　责任监印：刘　冬　　版权联络：王燕超
社长：黄　俭　　总编辑：白　冰
出版发行：接力出版社　　社址：广西南宁市园湖南路9号　　邮编：530022
电话：010−65546561（发行部）　传真：010−65545210（发行部）
http : //www.jielibj.com　　E-mail : jieli@jielibook.com
经销：新华书店　　印制：北京华联印刷有限公司
开本：889毫米 × 1194毫米　1/20　　印张：5.8　　字数：50千字
版次：2019年7月第1版　　印次：2019年7月第1次印刷
印数：0 001—8 000册　　定价：58.00元

本书中的所有图片均由原出版公司提供
审图号：GS（2019）1784 号